当代图形图像设计与表现丛书

游戏模型贴图

基础与实例

李波 著

U0240734

国家一级出版社
全国百佳图书出版单位　西南师范大学出版社
XINAN SHIFAN DAXUE CHUBANSHE

图书在版编目（CIP）数据

游戏模型贴图基础与实例 / 李波著. — 重庆 ：西南师范大学出版社，2015.6（2022.1重印）

ISBN 978-7-5621-7452-3

Ⅰ．①游… Ⅱ．①李… Ⅲ．①玩具－模型－制作

Ⅳ．①TS958.06

中国版本图书馆CIP数据核字(2015)第124842号

当代图形图像设计与表现丛书

主　　编：丁鸣　沈正中

游戏模型贴图基础与实例　李波　著
YOUXI MOXING TIETU JICHU YU SHILI

选题策划：袁　理

责任编辑：袁　理

整体设计：鲁妍妍

西南师范大学出版社（出版发行）

地　　址：重庆市北碚区天生路2号　　　　邮政编码：400715

本社网址：http://www.xdcbs.com　　　　电　　话：(023)68860895

网上书店：https://xnsfdxcbs.tmall.com　　传　　真：(023)68208984

经　　销：新华书店

排　　版：黄金红

印　　刷：重庆康豪彩印有限公司

幅面尺寸：185mm×260mm

印　　张：7.25

字　　数：168千字

版　　次：2015年7月 第1版

印　　次：2022年1月 第2次印刷

书　　号：ISBN 978-7-5621-7452-3

定　　价：58.00元

本书如有印装质量问题，请与我社市场营销部联系更换。

市场营销部电话: (023)68868624　68253705

西南师范大学出版社美术分社欢迎赐稿。

美术分社电话: (023)68254657　68254107

序 PREFACE

中国道家有句古话叫"授人以鱼，不如授人以渔"，说的是传授人以知识，不如传授给人学习的方法。道理其实很简单，鱼是目的，钓鱼是手段，一条鱼虽然能解一时之饥，但不能解长久之饥，想要永远都有鱼吃，就要学会钓鱼的方法。学习也是相同的道理，我们长期从事设计教育工作，拥有丰富的实践和教学经验，深深地明白想要学生做出优秀的设计作品，未来能有所成就，就必须改变过去传统的填鸭式教育。摆正位置，由授鱼者的角色转变为授渔者，激发学生学习的兴趣，教会学生设计的手段，使学生在以后的设计工作中能够自主学习，举一反三，灵活地运用设计软件，熟练掌握各项技能，这正是本套丛书编写的初衷。

随着信息时代的到来与互联网技术的快速发展，计算机软件的运用开始遍及社会生活的各个领域。尤其是在如今激烈的社会竞争中，大浪淘沙，不进则退。俗话说："一技傍身便可走天下"，但无论是在校学生，还是在职工作者，又或是设计爱好者，想要熟练掌握一个设计软件，都不是一蹴而就的，它是一个需要慢慢积累和实践的过程。所以，本丛书的意义就在于：为读者开启一盏明灯，指出一条通往终点的捷径。

本丛书有如下特色：

（一）本丛书立足于教育实践经验，融入国内外先进的设计教学理念，通过对以往学生问题的反思总结，侧重于实例实训，主要针对普通高校和高职等层次的学生。可作为大中专院校及各类培训班相关专业的教材，适合教师、学生作为实训教材使用。

（二）本丛书对于设计软件的基础工具不做过分的概念性阐述，而是将讲解的重心放在具体案例的分析和设计流程的解析上。深入浅出地将设计理念和设计技巧在具体的案例设计制图中传达给读者。

（三）本丛书图文并茂，编排合理，展示当今不同文化背景下的优秀实例作品，使读者在学习过程中与经典作品之美产生共鸣，接受艺术的熏陶。

（四）本丛书语言简洁生动，讲解过程细致，读者可以更直观深刻地理解工具命令的原理与操作技巧。在学习的过程中，完美地将设计理论知识与设计技能结合，自发地将软件操作技巧融入实践环节中去。

（五）本丛书与实践联系紧密，穿插了实际工作中的设计流程、设计规范，以及行业经验解读。为读者日后工作奠定扎实的技能基础，形成良好的专业素养。

感谢读者们阅读本丛书，衷心地希望你们通过学习本丛书，可以完美地掌握软件的运用思维和技巧，助力你们的设计学习和工作，做出引发热烈反响和广泛赞誉的优秀作品。

前言
FOREWORD

本书重点讲解模型制作和贴图绘制的基础知识及技巧，主要针对有一定软件基础和美术基础的初学者，模型制作过程中不提及具体的三维软件，也不提及具体的工具与命令，旨在编写一本适合任何三维软件教学的大众化教材。在模型类型的选取上主要考虑知识的扩展性与深入性及选取制作环节中的精髓要点。本书没有过多的、具体的完整案例，主要讲解了两足角色和四足角色裸模的快速制作技巧，以及主要材质类型的分析。希望读者能举一反三，将技巧运用到其他模型的制作上。

在学习的过程中切忌浮躁，要一步一个脚印，打好基础才是王道。如果将学习到工作的过程分为基础学习、技能掌握、实习实训、参加工作等阶段的话，那么本书适合技能掌握以及实习实训阶段。希望读者能认真领会书中的理论知识，并配合相关案例，认真学习，打好基础。在掌握本书知识点的基础上再去发挥创作，制作出令人惊叹的作品。

本书的所有案例都是作者和相关从业者多年学习的经验总结，读者在学习时，可根据对知识点和操作技巧的掌握程度进行选择性阅读。

本书配有光盘，读者可调用配套光盘里的素材文件进行参考和学习，以达到事半功倍的学习效果。

本书对知识点进行了精细划分，有内容涵盖面广、知识点容量大、案例安排合理、实用性强等特点，可以作为各级各类院校影视、动漫、游戏专业的教学用书及专业的培训机构用书，也可供从事影视、动漫、游戏等相关领域的设计人员和爱好者参考。

本书的编写得到了重庆领致影视传媒有限公司相关从业人员的大力支持，在此一并表示感谢。

由于时间仓促，加上编者水平和经验有限，书中难免有错误和不当之处，敬请广大同人与读者批评指正。

编者

目录 CONTENTS

第一章
概论

本章导读

本章主要讲解游戏制作的相关理论和制作方法、规范及应具备的各种能力。

精彩看点

- 常用的制作软件有哪些?
- 原画和模型、贴图之间的关系是什么?
- 游戏模型贴图制作有什么规范?

第一节 游戏简介

游戏的开发分为很多种类,目前运行的平台可以划分为 PC 游戏、视频游戏、掌上游戏、交互电视游戏等。按游戏的类型,又可以划分为角色扮演(RPG),策略类(SLG)、动作类(ACT)、冒险类(AVG)、模拟类(SG)、休闲类等。一个现象是单机游戏的市场主要集中在视频游戏和掌上游戏,另外一个现象是不管什么平台的游戏都越来越趋向于网络化,多人玩家的系统变为原来纯粹单机游戏的必备系统。国内网络游戏的市场正处于起步发展的阶段,原来主要靠代理国外公司的游戏来运营的厂商,也开始投入精力进行本土自主研发,游戏制作处于一个百花齐放的阶段。

在游戏机平台上的游戏,游戏的类型比较多样化,并且不断地被创新。例如在主机上任天堂的 Wii 从主机和交互性上就做了划时代的创新,使玩家有了更新的游戏体验,这种主机上的游戏,即使是从未接触过游戏的人也能很快地上手并融入其中。相对来说网络游戏的发展要慢于单机平台游戏,目前很多休闲类网游的改造原型正是过去那些单机上的经典游戏。

每一种不同的游戏类型都会有相应的玩家喜欢它,它反映出了人们在现实生活中的喜好。对不少玩家来说,他们愿意去尝试不同的游戏方式和不同类型的游戏,从中找到不一样的乐趣。网络游戏中一种最常见的类型就是角色扮演类的游戏,它从本质上来看是将玩家映射到一个完全虚拟的游戏世界里，让玩家和自己创造的角色融为一体，在一个庞大的虚拟空间内和其他的玩家互动。这种类型的游戏给玩家带来极强的带入感。另一种比较受欢迎的是休闲类的小游戏或是中型游戏，其中大多是取材于经典的单机游戏，把它改造成适合在网络上玩的多人游戏，例如《泡泡糖》就是从原单机游戏《炸弹人》脱胎而来。这些游戏所强调的正是操作性和竞技性。

本书重点介绍的是 PC 游戏平台网络游戏的制作在美术制作上的主要内容，鉴于在单机游戏上与 PC 平台的美术制作方式有很大不同，因此单机游戏制作不作为本书的讨论重点。但本书上的技巧及知识依然可以沿用到单机游戏的开发上。

第二节 游戏模型相关知识

一、模型制作的常用软件

（一）3ds Max

3ds Max 即 3D Studio Max，常简称为 3ds Max 或 MAX，是 Discreet 公司开发的（后被 Autodesk 公司合并），是基于 PC 系统的三维动画渲染和制作软件。其前身是基于 DOS 操作系统的 3D Studio 系列软件。在 Windows NT 出现以前，工业级的 CG 制作被 SGI 图形工作站所垄断。3D Studio Max + Windows NT 组合的出现降低了 CG 制作的门槛，首先开始运用在电脑游戏中的动画制作，随后更进一步开始参与影视片的特效制作，例如《X 战警 II》《最后的武士》等。在 Discreet 3ds Max 7 问世后，正式更名为 Autodesk 3ds Max。（图 1-1）

（二）Maya

Autodesk Maya 是美国 Autodesk 公司出品的世界顶级的三维动画软件，主要应用于专业的影视广告、角色动画、电影特技等的制作。Maya 功能完善、工作灵活、易学易用，制作效率极高，渲染真实感极强，是电影级别的高端制作软件。

正版 Maya 软件售价高昂、声名显赫，是制作者梦寐以求的制作工具，它会极大地提高产品制作效率和品质，能制作出仿真的角色动画，渲染出电影一般的真实效果，可以说掌握

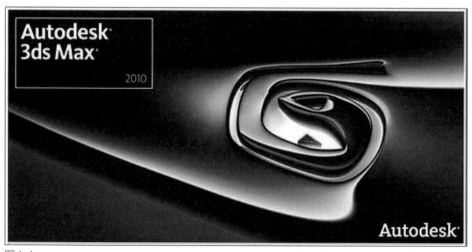

图1-1

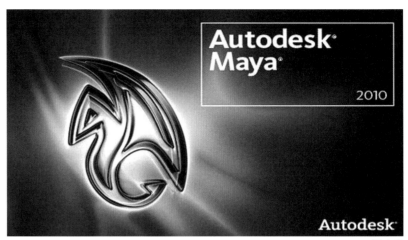

图1-2

了 Maya 就有望向世界顶级动画师迈进。

Maya 集成了 Alias、Wavefront 等最先进的动画及数字效果技术。它不仅包括一般三维和视觉效果制作的功能,而且还与最先进的建模、数字化布料模拟、毛发渲染、运动匹配技术等相结合。Maya 可在 Windows NT 与 SGI IRIX 操作系统上运行。目前在市场上用来进行数字和三维制作的工具中,Maya 是首选。（图1-2）

二、模型制作的常用方法

（一）Polygon 建模

Polygon 建模是一种常见的建模方式。首先将一个对象转化为可编辑的多边形对象,然后通过对该多边形对象的各种子对象进行编辑和修改来实现建模过程。对于可编辑多边形对象,它包含了 Polygon（多边形）、Vertex（顶点）、Edge（边界）、 Face（面）几种对象模式,与可编辑网格相比,可编辑多边形体现了更大的优越性,即多边形对象的面不仅可以是三角形面和四边形面,还可以是任何多个节点的多边形面。多边形建模早期主要用于游戏制作,现在被广泛应用于电影等行业,多边形建模已经成为现在 CG 行业中与 NURBS 并驾齐驱的建模方式。在电影《最终幻想》中,多边形建模完全有能力把握复杂的角色结构,以及解决后续制作的相关问题。多边形建模从技术角度来讲

比较容易掌握,一方面在创建复杂表面时,细节部分可以任意加线;在结构穿插关系很复杂的模型中,就能体现出它的优势。另一方面,它不像 NURBS 有固定的 UV,在贴图工作中需要对 UV 进行手动编辑,防止重叠、拉伸纹理。

（1）多边形:就是由多条边围成的一个闭合的路径形成的一个面。

（2）顶点:线段的端点,构成多边形最基本的元素。

（3）边界:就是一条连接两个多边形顶点的直线段。

（4）面:就是由多边形的边所围成的一个面。Maya 允许由三条以上的边构成一个多边形面。（三角形面是所有建模的基础。在渲染前,每种几何表面都被转化为三角形面,这个过程被称为镶嵌）依据一般原则,应尽量使用三边或四边面。

（二）NURBS 建模

NURBS 建模即曲面建模,NURBS 是 Non-Uniform Rational B-Splines 的缩写,是"非统一有理 B 样条"的意思。具体解释是:Non-Uniform(非统一）,指一个控制顶点的影响力的范围能够改变。当创建一个不规则曲面的时候这一点非常有用。同样,统一的曲线和曲面在透视投影下也不是无变化的,对于交互的 3D 建模来说这是一个严重的缺陷;Rational(有理）,

图1-3

指每个 NURBS 物体都可以用数学表达式来定义；B-Spline（B样条），指用路线来构建一条曲线，在一个或更多的点之间以内插值替换的。

简单地说，NURBS 就是专门做曲面物体的一种造型方法。NURBS 造型总是由曲线和曲面来定义的，所以要在 NURBS 表面里生成一条有棱角的边是很困难的。就是因为这一特点，我们可以用它做出各种复杂的曲面造型和表现特殊的效果，如人的皮肤、面貌或流线型的跑车等。

曲面建模即 NURBS 建模，是由曲线组成曲面，再由曲面组成立体模型，曲线有控制点可以控制曲线曲率、方向、长短。NURBS 建模属于目前两大流行建模方式之一。（图1-3）

一般来说，创建曲面都是从曲线开始的。可以通过点创建曲线来创建曲面，也可以通过抽取或使用视图区已有的特征边缘线创建曲面。其一般的创建过程如下所示。

（1）首先创建曲线。可以用测量得到的云点创建曲线，也可以从光栅图像中勾勒出用户所需曲线。

（2）根据创建的曲线，利用过曲线、直纹、过曲线网格、扫掠等选项，创建产品的主要或者大面积的曲面。

（3）利用桥接面、二次截面、软倒圆、N边曲面选项，对前面创建的曲面进行过渡接连、编辑或者光顺处理，最终得到完整的产品模型。

第三节 游戏贴图相关知识

一、贴图绘制的常用软件

（一）Photoshop

Adobe Photoshop 即 Photoshop，简称"PS"，是由 Adobe Systems 开发和发行的图像处理软件。Photoshop 主要处理以像素所构成的数字图像。使用其众多的编修与绘图工具，可以有效地进行图片编辑工作。PS 有很多功能，在图像、图形、文字、视频等方面都有涉及。2003 年，Adobe Photoshop 8.0 更 名 为 Adobe Photoshop CS。2013 年，Adobe 公司推出了最新版本的 Photoshop CC，自此，版本 Photoshop CS6 是 Adobe Photoshop CS 系列的最后一个版本。Adobe 只支持 Windows 操作系统和 Mac OS 操作

图1-4

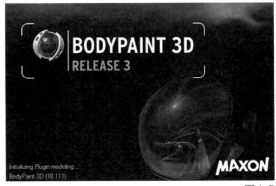

图1-5

系统版本的 Photoshop，但 Linux 操作系统用户可以通过使用 Wine 来运行 Photoshop CS6。（图1-4）

（二）BodyPaint 3D

BodyPaint 3D 是现在最为高效、易用的实时三维纹理绘制以及 UV 编辑解决方案，现在完全整合到 Cinema 4D 中，其独创 RayBrush / Multibrush 等技术完全更改了陈旧的工作流程。用户只要进行简单的设置，就能够通过 200 多种工具在 3D 物体表面实时进行绘画——无论这个表面多么复杂奇特。使用单个笔触就能把纹理绘制在 10 个材质通道上，并且每个通道都允许建立带有许多混合模式和蒙板的多个图层。使用革命性的 RayBrush 技术，你甚至可以直接在渲染完成的图像上绘制纹理。

配合 Cinema 4DR10 中新增加的 Enhanced OpenGL（增强即时视窗硬件显示），可以在绘制过程中实时观察凹凸贴图、透明贴图和法线贴图等纹理效果，艺术家甚至能够即时观察到场景的阴影和物体的透明性质，使其在前期的工作流程中就能反馈直观的效果，从而大大提高工作效率。

Cinema 4D 为游戏开发者提供了丰富的烘焙工具，只需要简单的操作就可以烘焙出多通道、高质量的材质纹理。

BodyPaint 3D 具有开放式接口。对于产品本身而言，Maxon 留下了开发接口，用户甚至可以马上登陆 Maxon 站点免费获取这些开发文档；对于同其他程序的交互，Cinema 4D 提供数十种可以导出、导入的格式。同时，其他软件开发商的软件，包括 AutoDesk 公司的 Maya、3ds Max 等也争相连接引用。Maxon 为这些软件免费提供了稳定、完整的数据接口。（图1-5）

二、贴图绘制的常用方法

（一）手绘贴图

手绘贴图主要用于素材处理贴图，指绝大部分通过数位板在绘画软件里绘画而得到的贴图，主要用于 Q 版、卡通和写实类的网游及动画中。应用于游戏制作的手绘贴图从风格上来说，一般分为写实性和非写实性（卡通风格）两种。其色彩的表现理念与传统性绘画是一致的，都是利用色彩结合光影的变化去表现事物的形体，只是在工具和技法上与传统性绘画有天壤之别。

（二）素材处理贴图

素材处理贴图主要指通过图像处理软件将现有的真实素材进行客观冷静的处理后得到的贴图，主要用于次世代游戏和写实类的电视、电影等特效制作中。

三、游戏贴图和其他应用贴图的关系

材质是什么？简单地说就是物体看起来是什么质地。材质可以看成是材料和质感的结合。在渲染程式中，它是表面各可视属性的结合，这些可视属性是指物体表面的色彩、纹理、光滑度、透明度、反射率、折射率、发光度等。正是有了这些属性，才能让我们识别三维中的模型是用什么做成的，也正是有了这些属性，电脑三维的虚拟世界才会和真实世界一样缤纷多彩。

贴图是材质中最重要的一个组成部分。它是指覆盖在材质表面的各种类型的纹理。按其包含的内容，大致可将贴图分为颜色贴图（漫反射贴图）、凹凸贴图、高光贴图、透明贴图、反射贴图、法线贴图等；按其使用的领域，大致可分为游戏类贴图、动画片类贴图和影视类贴图等。它们之间既有联系又有区别，具体介绍如下。

（一）按内容划分

1. 漫反射贴图（Diffuse map）

漫反射是物体基本色（Color）和环境光（Ambient）混合的结果，换句话说就是物体基本色在迎光面和背光面上的显示效果。通常情况下，我们并不会将 Diffuse 的效果绘制到贴图中，因为太过明显的明暗变化会导致效果的不真实，如手臂下的阴影会在举起时凸显等。因此尽管基本的贴图通道名为 Diffuse，但事实上要达到 Color+AO 的效果，还需要场景灯光的辅助。

2. 环境光散射贴图（AO map）

AO 的全称为 Ambient Occlusion，也简称 OCC 和白模，它是一种通过灰度来表示物体之间相互影响的效果的贴图，特别是空间和穿插关系，可以将其理解为同明暗素描类似的表现形式。AO 贴图直接赋予模型上时，可以在不需要特定光源的情况下看出模型的基本架构，是最实用的辅助贴图。我们可以在 AO 贴图的基础上绘制基本色彩和纹理，完成最初的 Diffuse 贴图。

3. 高光贴图（Specular map）

事实上，Highlight 才是高光，Specular 本身含有镜面反射的意思，不过为了和 Reflection（反射）进行区别，通常将其称为高光。所谓高光，也就是光滑物体弧面上的亮点（平面上则是一片亮），它与光源和摄像机的位置有关，通常为一个小白点。事实上，我们不能也不应该控制高光的出现位置，通过高光贴图控制的只是高光的衰减情况，因为高光点是系统计算的结果，我们只能在高光出现的地方控制高光的强弱和颜色变化。例如，人物角色的额头和鼻尖部分，一般都会使用偏白的高光贴图，是为了在人物面部产生高光时和周围有明显的区别。高光一般为白色，不过在制作金属物件的高光时，高光颜色会偏向金属固有色，这点可以作为一个规律执行。有一个小技巧：我们可以在 AO 贴图的基础上绘制高光（很多时候是修改 AO 贴图的暗部）。在三维动画软件中，高光具有多个参数设置，如偏心率、衰减度、高光颜色等，它和反射效果关系密切，因此高光间接表现一个物体的材质，例如塑料、金属、皮革等的高光效果就是各不一样的。

4. 反射贴图（Reflection map）

多数情况下这个属性是 0 到 1 的数值，用于计算场景物体在物体面上的反射程度。使用反射贴图，可以在一定范围内模拟反射效果，提高计算速度；尽管这种计算方法并不准确，但有时在视觉上的效果却相当不错，比如水面对天空的反射等。

5. 折射贴图（Refraction map）

从英文单词上看，很容易和反射混淆。折射是光线穿过透明物体后的光线扭曲效果，它与反射光线是完全不同的。很少有使用折射贴图进行贴图绘制的，因为折射本身计算复杂，只是在游戏中启用就已经很吃力了，更何况还要制作单个物体上多个折射率的效果。折射常发生在透明的厚玻璃、清澈见底的湖水、水晶宝石等。

6. 法线贴图（Normal map）

法线大多是用在 CG 动画的渲染以及游戏画面的制作中。将具有高细节的模型通过映射烘焙出法线贴图，再贴在低端模型的法线贴图通道上，使之拥有高端模型法线贴图的渲染效果。这样可以大大降低渲染时需要的面数和计算内容，从而达到优化动画渲染和游戏渲染的效果。法线贴图是可以应用到 3D 表面的特殊纹理中的，不同于以往的纹理只可以用于 2D 表面。作为凹凸纹理的扩展，它包括了每个像素的高度值，内含许多细节的表面信息，能够在平淡无奇的物体上，创建出多种特殊的立体外形。可以把法线贴图想象成与原表面垂直的点，所有点组成另一个不同的表面。对于视觉效果而言，它的效率比原有的表面更高，若在特定位置上应用光源，可以生成精确的光照方向和反射。法线贴图是以红绿蓝的基本色来表现物体的凹凸，与 AO 贴图不同，它可在平面上产生一种"假凹凸"。所谓假凹凸，也就是最终效果并没有改变模型的纹理起伏，它仅在模型面垂直于摄像机的范围内产生了凹凸的视觉效果。这种凹凸可随光源的变化产生明暗区域和阴影区域的改变，不过当凹凸发生在接近模型的边缘时，你会发现没任何变化，模型边缘依旧是一条直线。在三维动画软件中，Normal 贴图其实也就相当于 Bump 贴图，只不过前者是显卡直接显示效果，后者则经过 CPU 的计算渲染。法线贴图一般是将高面数模型和低面数模型进行比较而得到，各大三维软件都可以完成，不过使用雕刻软件如 ZBrush 和 Mudbox 效果会更好。虽然也可以通过设置 Photoshop 的图层样式绘制得到，但很少会有人使用这种方法。

7. 透明通道贴图（Alpha map）

在三维动画软件中，称为 Transparency（透明度）或者 Opacity（不透明度），它有两种形式，一种是内嵌于相应的图片格式中，另一种则是独立的灰度图。内嵌式需要图形格式的支持，一般为 TGA、TIFF、PNG、GIF、32 位 BMP、DDS 等；独立式的图形格式比较随意，只要是不包含 Alpha 通道的黑白灰图片即可（假如使用的是彩色图，仍然会自动转为灰度图）。黑色表示完全透明，白色表示不透明，灰色则表示半透明。黑色部分是为了在贴图上挖洞，如羽毛、头发等，通常会使用 Alpha 贴图进行抠图，来丰富边缘的细节；白色部分是图像最终显示的区域；灰色部分常用在玻璃、窗帘等物件上。

8. 辉光贴图（Glow map）

辉光就是物体发出的光芒，可模拟光源的闪耀效果，但它不会照亮环境。辉光贴图和高光贴图类似，但它与场景灯光无关，在摄像机范围内均有效。过分的辉光效果会使人眼花缭乱，因此常用于模型细小的部位，例如机器人的"眼睛"、装备上的宝石挂饰等。

9. 自发光贴图（Incandescence map）

自发光是仅仅提高贴图本身的亮度，它不受场景灯光和摄像机的影响，也不会产生像 Glow（辉光）效果那样的闪耀感觉，多用于制作光线、火焰、灯光等的光源效果。某些情况下自发光贴图配合辉光贴图也是很有用的，比如当辉光部分仍在视图中出现，但在摄像机角度下却消失了，此时就可通过自发光贴图来弥补。

10. 环境贴图（Ambient map）

这里的 Ambient 不同于 AO 贴图中的 Ambient，它作为 Diffuse 的一部分，控制着物体背光面的色彩变化，同时也对迎光面产生一些影响。因为现实中，物体的背光面仍会受到环境中各种光线反弹的照亮，因此不会是纯黑色的。Ambient 贴图既可称为环境照明贴图，也可称为背光贴图（前者从本质上解释，后者则为直观上的理解）。环境照明贴图常用在场景灯光不足的情况下，用于提高物体暗面的亮度，或者用于提高物体在阴影中的显示效果。

（二）按使用领域分类

1. 游戏类贴图

游戏类贴图，顾名思义就是主要指用于游戏画面里的贴图，由于游戏的引擎及平台等因素，又可分为多种不同类型的游戏，比如网页游戏、网络游戏、次世代游戏、手机游戏等。它们对贴图的要求也是有所不同的，除了对游戏贴图尺寸等有不同要求外，更重要的是对贴图内容的要求。网页游戏和网络游戏一般只需要颜色贴图，某些项目可能需要高光贴图；次世代游戏美术设计要比一般的网络游戏或单机类游戏所使用的美术技法更为先进，通常情况下是 Normal 贴图、Specular 贴图等必不可少或是用得比较多的。

2.动画类贴图

动画类贴图主要是指在电视动画片、影院动画片、三维广告等领域使用的贴图，一般情况下颜色贴图、透明贴图、凹凸贴图、高光贴图、反射贴图等都会用上，个别情况会用上法线贴图。

3.影视类贴图

影视类贴图主要是指用在电视剧或电影等高级别特效里的贴图，上述贴图类型几乎都会用到，由于其特殊性，在贴图尺寸、精度以及风格等方面都有特殊的要求，具体要根据项目的要求而定。

（三）其他应用贴图的关系

1.模型、UV、贴图之间的关系

模型、UV、贴图三者之间的关系简单地说就是模型是基础，UV 是附着在模型表面的一个虚拟参考，贴图是通过 UV 这种虚拟参考将色彩信息定位到模型上，最后在模型表面呈现贴图内容。

但在本节要谈的关系则是指另一方面，那就是三者对模型最终视觉效果的影响程度。对三者的关系有一种说法是"三分模型七分贴图"，这里将 UV 忽视或者说带过了。这里的"三七"是指在整个模型贴图制作流程中模型做到三分程度，后面七分都是贴图的工作呢？还是说模型制作时间上或者精力上的比重占30%，贴图的比重占70% 呢？还是其他的呢？如果我们真正制作过模型贴图，并仔细分析一下也不难发现，"三分模型七分贴图"在某种角度也有一

图1-6

定的道理，但可能不够全面。笔者认为，模型、UV、贴图三者对模型最终的视觉效果的影响程度是一样的，可以用木桶原理来解释。

管理学中有个木桶原理：一个木桶由许多块木板组成，如果组成木桶的这些木板长短不一，那么这个木桶的最大容量不取决于长的木板，而取决于最短的那块木板。同样的道理，模型、UV、贴图这三个环节相当于三块木板，任何一个环节没做到该环节应该达到的标准，那么就算其他环节做得再好，整体效果也会受很大影响。（图1-6）

模型（100%）+UV（100%）+ 贴图（70%）= 最终效果（70%）

模型（100%）+UV（70%）+ 贴图（100%）= 最终效果（70%）

模型（70%）+UV（100%）+ 贴图（100%）= 最终效果（70%）

模型（70%）+UV（70%）+ 贴图（70%）= 最终效果（70%）或更低

模型（100%）+UV（100%）+ 贴图（100%）= 最终效果（100%）

2.原画、模型、贴图之间的关系

这里谈的原画、模型、贴图三者之间的关

图1-7

系除了说原画是模型的基础、参考、指导外，模型还是原画形体的立体再现和升华，贴图附着在模型上，贴图是原画色彩、光线等的再现和升华之外的更深层次的表现。

在以往的教学中，经常听到有学生说："做模型、画贴图好难啊，我宁愿画原画。"说这些话的学生大部分其实都是有一定美术基础的，在他们看来模型和贴图与自己本身所具备的美术功底基本挂不上钩，完全不能将造型、色彩等知识运用到模型和贴图上，感觉这就是两个完全不同的行当。其实，笔者经过这么多年的感悟，发现原画、模型、贴图之间都有不可剥离的千丝万缕的联系，这里笔者就原画和模型、原画和贴图分别做一些阐述，以解除那些与上述同学有相同困扰的读者的困惑。

（1）原画和模型

就原画而言，画原画的时候主要运用的是比例、结构、色彩等知识，通过设计创意这个核心环节将美术知识融合起来。就模型而言，做模型的时候主要运用的是比例、结构等知识，不存在设计和创意，完全是对原画形态的立体再现。经过比较，我们发现比例和结构这两个知识是原画和模型都具备的。比如说，我们绘制一幅原画，可以分解为线稿和色稿，两者融合在一起就是一幅完整的原画。线稿说通俗一点就是物体的轮廓，原画只需要画物体的一个角度轮廓，而模型制作其实也是同样的原理，只是说做模型需要画"无数"个轮廓，当三维

模型取消灯光照明，并给一个卡通轮廓笔刷时，在任意一个视角观察，我们都可以看到一个"轮廓"（如图1-7，在Maya软件里的操作），这些"无数"个轮廓按照一定的组合方式最终形成了一个富有空间感的立体模型。换句话说，我们调整模型的比例、结构等，实际上就是在画画，只是说做模型的"画轮廓"不是用笔或数位板直接画出线条来造型，而是通过调节模型上点、线、面在三维空间中的位置来达到"画轮廓"的相似结果。因此，只要能将原画的三视图画好，那么做模型就不会是难事，至少从比例和外轮廓等方面来看不存在太大的问题，再配合布线等知识和其他技巧，做模型就是轻松、愉快的事了。反过来，模型做得好的人，根据45°的原画肯定都能画三视图（那种到处找模型组合、修改的人除外）。这也是为什么笔者在后面讲模型制作前的准备时，希望读者在没有原画三视图的时候要自己画三视图的原因。

（2）原画和贴图

这里说的贴图主要指手绘贴图，首先我们来谈一谈二者之间的相同点。抛开原画需要设计创意，而针对表现技法和画面效果来说，二者说通俗一点都是画画，不管从软件的使用还是技法的运用以及所需具备的知识来说，基本都是一样的。它们的共同点是两者塑造形体都是在平面上表现出立体的感觉。它们的不同点基本有四点。

①从视觉上一幅原画比一张贴图看起来整体感更强。简单点来说就是原画让别人一看就知道画的是什么，比如是个什么样子的人或者是怎样感觉的一个场景，而贴图是你看到的一堆堆相对独立的色块，但看不明白具体是画了些什么，顶多只能看出这块画的是一个人脸或者那块画的是一个墙面等。但具体到底是画了一个什么样的人或者怎样的场景就很难有个确切的推断了，必须通过模型这个载体才能看出最终效果。

一般原画都是在平面上对要画的对象定好位置、比例，然后具体画出各个部分的外轮廓进而具体塑造各个部分的形体转折，画出物体立体纵深感以及物体自身的小细节，从而完成一幅完整的作品。而画贴图是把已经做好的立体模型全部平展开铺成一个平面也就是分UV，然后再在这个平面上按照各个部分UV的不同位置画出相应的形体转折立体感和小细节。这其中就省掉了画画过程中定大轮廓、大比例的步骤，或者也可以说这个过程被实际的立体建模过程给取代了。我们都知道在分UV的过程中有一项最基本的就是要把这个模型的所有面尽量满的摆在这个正方形的框中。而贴图要在保证各个部分和UV的位置与角度完全对应的情况下才能正常显示，所以贴图看上去是一部分一部分的，然后贴到模型上才形成一个完整的作品。

②光源和形体的转折密切相关。比如面向光源的面比较亮，背光的面比较暗，处于亮面和暗面中间部分的面相对比较灰。原画都要考虑一个主要光源，比如有左边打来的光，右边打来的光，也有顶光或底光。甚至在很多绘画作品中还会用一些特殊的光源效果来烘托，营造出一种特殊的氛围使作品有更强的感染力和更丰富的表现力。总之在画原画的过程中要始终考虑光源的作用。而画贴图正好与之相反，要在画的过程中尽量少考虑光源的影响（但也要有合适的虚拟光源，具体请见第一篇第三节）。贴图最后要贴在模型上放入引擎中，而引擎中的光线从什么方位打过来的并不确定，所以如果在画贴图的过程中也和画画一样自行设一个光源，比如画的时候设定光源从左边打过来，而实际的引擎中光正好相反从右面打来。该亮的面暗了，该暗的面亮了，就很容易出现错误。

③画贴图比原画在整体的对比度上要弱一些，颜色的纯度要低一点。简单地说，在画同样或者相似的东西时，整体上看，贴图比原画作品更灰一些。这个灰包含两层意思。第一个意思是指对比弱。一张图在对比强烈的情况下会感觉视觉冲击力强、很抢眼，要是对比弱整个图就相对会灰一些。这个灰在这里可以理解为是视觉冲击力相对较弱，比较含蓄。另一个意思是指颜色没有那么艳丽，即颜色的饱和度和纯度比较低。原画是按照现实的情况来如实地表现物体黑白灰之间的关系和对比，所谓对比产生美，有时候甚至会人为地把这种对比拉强。但是在画手绘贴图时则有些不同，除非是在做那种颜色很亮丽、很炫的卡通效果的作品。除此之外多半是如实地表现黑白灰之间的对比或者会人为地把这个对比关系降低一点，主要是因为最终要在引擎中看整体效果。模型本身就是立体的，会把这种对比加强。还有一种情况就是如果引擎本身要烘托一种比较暗的氛围。众所周知，在较暗的光线情况下所有的形体转折相对都不太强烈。所以如果贴图对比太强就要担心光线能不能盖住的问题。

④最后一点不同之处对绘制贴图来说是最关键的，那就是贴图的细致程度一定比原画高。套用一句名言来说就是"贴图来源于原画，又高于原画"。玩家最终看到的是在游戏引擎里模型上的纹理贴图，而不是用于设定的平面原画。退一万步说，只要原画设计创意到位，就算画面画得不够精细，色彩不够丰富，做模型和贴图时都可以加工弥补。反过来原画画得再牛，模型贴图没画好，那么这个角色乃至整个游戏都是不成功的，因此模型贴图对于游戏美术环节来说是至关重要的。

（四）游戏模型贴图制作规范

由于游戏的制作需要引擎来作为运行环境，因此对于不同的引擎在模型和贴图的制作时有不同的规范要求，但大体相同，本书就常用的、通用的规范给读者做简单介绍。

（1）比例大小：比如这个角色模型在角色设定的时候确定了身高为 180 cm，那么我们在三维软件里制作模型的时候就一定要确保该模型的高度为 180 cm。我们可利用相关的测量工具来测量高度，而不是凭感觉。（图 1-8）

模型最终在引擎中是以三角面的形式存在，因此我们在确定面数的时候一定是以三角面的个数而不是四角面的个数为依据，在最后输出到引擎的时候也应该转化为三角面。

所有模型的 X、Y、Z 坐标都要归到 0，并且角色位置也应该处于实际坐标的水平面上。

（2）法线：检查模型当中是否有法线的朝向错误。正常情况下法线应该是朝物体表面方向。

（3）历史记录：所有模型制作过程中使用的相关命令、工具等缓存记录都应全部删除。

（4）贴图张数及大小：根据不同的游戏引擎，所要求的贴图数量也有所不同。一般角色模型有 1 张、2 张或按部件分贴图张数。贴图的总数，是根据制作要求文档来规定的。

通常贴图尺寸大小有 32×32、64×64、128×128、256×256、512×512、1024×1024、2048×2048、4096×4096，也有不规则的，比如 128×64、512×128 等，当然贴图尺寸大小还有更大的。但对于游戏贴图来讲，以上讲的这些尺寸就足够了。32×32、64×64、128×128 是游戏场景中常用的尺寸，当然配角人物也有可能会用到这些尺寸。

（5）贴图格式：制作游戏，贴图格式一般有 JPG、TGA、BMP、PNG、TIF、DDS 等。

最常用到的贴图格式是 JPG、TGA 和 DDS。其中 JPG 是普通贴图，无通道。TGA 是带透明通道贴图（Alpha map）。DDS 是游戏引擎最常用的贴图格式（透明通道）。

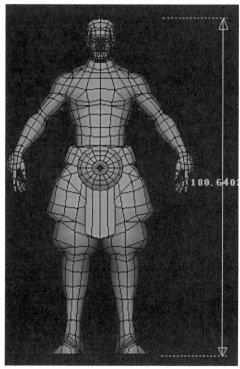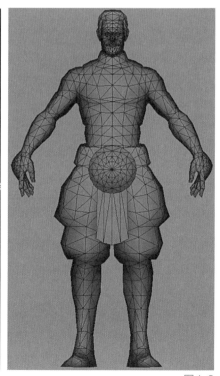

图 1-8

第四节 设计师游戏美术必备的能力

曾几何时，EA 游戏《死亡空间 3》游戏美术培训总监 Audran Guerard 在他的访谈《谈美工必备素质及自我提升方法》中提到："美术基础第一，软件技术其次。首先，我们是画家！画出好图其基本功应该是必需的。我们太清楚干我们这行的技术工具了。然而，工具毕竟是工具。我们是工具之后的创造者。技术只能反映我们从中输入的东西。要求它，欺骗它，它的唯一用途就是执行你的想法。一纸一笔，人就可以用笔在纸上留下痕迹。线条的美丽与否取决于执笔人的能力。只有技术，不能产生任何美丽的东西，技术需要人的输入。"

要成为优秀的美工，"看"是一项主要的发展技能。这与你使用的纸笔、Maya 或 Max 无关，是你自己以精确的感知抓住事物本质的能力。当 3D 建模师拿到一张概念图时，他必须足够敏感，才能抓住设计和角色的微妙之处。将一张手绘图转化为 3D 物体通常非常困难。这不是简单地将 2D 转化为 3D，而是根据 2D 概念图进行 3D 化的再创作。这就好像听爱乐乐团演奏重金属乐队的音乐一样。这两个版本听起来会不一样，但如果处理得当，都会产生不错的效果。美工要观察物体的形状、体积、各部分之间的关系。我们还要观察他们的年龄、着装、身体强壮还是衰弱、他们的阅历等。我们必须挑选必要的信息做夸张处理，抛弃那些无关紧要的信息。成为专家要学会放大事物的本质。"看"与画出像照片一样逼真的物品的能力无关。

一般人会这么认为，"我的工作是 3D，我不需要知道怎么绘画。"对此，我会说："可能是这样吧！但你为什么要跟自我提高过不去呢？"绘画能力是想象力和观察力的体现。许多人认为画画是发生于手指和笔之间的活动，但事实上，画画发生在大脑中，即利用你的能力在大脑内清楚地想象出某些东西。如果你的手足够敏捷，能抓住笔写下自己的名字，那你就具备了大多数绘画大师的敏捷度了。你和大师的区别在于——观察能力。

综上，我们发现要从事游戏美术的设计，技术和艺术两者是必不可少的，艺术指导技术，技术实现艺术。作为初学者，掌握一定的软件使用知识是必需的，同时要加强美术功底的学习。对于已有丰富经验从业者来说，自我提升艺术修养是走得更远、站得更高的唯一途径。

一、软件操作

要成为优秀的美工，需要掌握一定的平面绘图软件、3D 绘画软件、3D 制作软件等的操作方法。游戏是一个基于计算机发展的艺术种类，不管是美术还是程序，都是依靠计算机来完成的，因此掌握计算机操作及相关软件就显得尤为重要。

二、美术基础

要成为优秀的美工，需要掌握一定的色彩知识、比例知识、结构知识。作为一个美术制作人员，主要从事的是游戏中出现的所有角色、场景、道具等的设计与制作，以及所有的动画调节等，因此具备基本的美术知识是必需的。

三、意识能力

一个游戏的制作成功，是一个集体花费大量的时间、精力和金钱才完成的，一些小的游戏可能是由个人独立完成，但目前的大型网络游戏的工作量绝不可能是由某一个人就能完成的，因此在整个制作的过程中，如何与自己的伙伴合作就成为了一个游戏制作者最基本和最首要的素质要求。

通常一个相对稳定的团队从组建完成到发挥出团队效率，至少需要半年以上的磨合期，而一个团队成员相互间能达到默契共处，全面体现出集体的效率和力量，除了需要更长的时间周期之外，也需要一定的机遇。

第二章
模型制作

本章导读

通过前一章的学习，我们大致了解了游戏制作的相关知识，从本章开始，我们将正式进入游戏美术模型贴图制作的学习中。

精彩看点

- 如何对原画进行分析重构？
- 如何用最少的面来造型？
- 如何快速完成细节制作？

第一节 制作前的准备

一、对原画进行分析和重构

作为模型师，一般情况下在建模之前必定会从原画部拿到相应的原画，但由于项目要求、项目周期、公司要求等因素，模型师拿到手的原画可能是较为全面的原画参考图，比如角色、道具原画会有三视图（正视图、侧视图、透视图），场景原画会有较多的相关细节参考图。也有可能角色、道具的原画就只有一张透视图，没有正视图和侧视图，这时候模型师就必须具备对原画进行分析和重构的能力。所谓分析和重构就是对原画进行理解，哪些部分该单独做成模型，哪些部分应该用贴图来表现以便节约资源，每个部件之间的比例关系是怎样的等，当没有三视图的时候一定要在头脑中描绘出正视图和侧视图（好的模型的建立必定会有这样的一个虚拟过程），以便指导设计师制作模型，最好是能花一点时间画出来，那样更直观、更有效。建议初学者一定要做这一个环节，可能开始会比较难，一定要坚持，当能画好正视图和侧视图的时候，也就意味着你已经具备了三维建模的能力了，假以时日，必定会有一番作为。当有一定功底之后，头脑中就可以轻松虚拟出图像了。（图2-1）

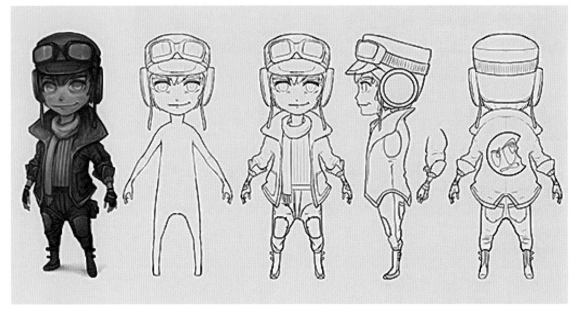

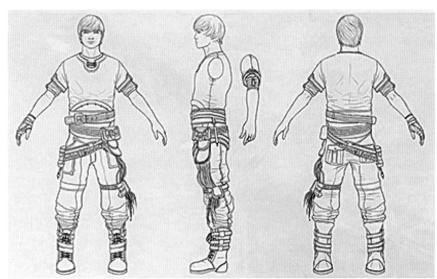

图 2-1

二、对软件进行设置

俗话说："工欲善其事，必先利其器。"作为一个工具，三维软件里有非常多的相关工具与命令，但真正用于模型制作的却非常少，一般情况下，制作模型需要的工具与命令在 10 个左右，分别分布在不同的菜单和面板中，使用起来较为麻烦，特别是反复使用，反复去找，

十分影响工作效率，如果能将这些工具与命令集中起来，就会明显地提高制作效率。因此，我们要尝试着对软件做一些设置，以便提高工作效率。

（一）视图区域最大化

在 Maya 里的主菜单 Display—UI Elements—Hide All UI Elements，对所有的 UI 界面元素进行隐藏，使操作视图界面最大化。反之，Show

All UI Elements 显示所有界面元素。

在 3ds Max 里，可以在主菜单的 Customize 面板下的 Show UI 里将所有勾选项全部取消。

（二）面数显示

在制作模型的时候，对面的控制是有必要的，特别是游戏模型更要严格控制面数，因此实时显示模型的面数就显得尤为重要。在 Maya 里是这样设置的，在主菜单 Display—Heads Up Display—Poly Count 勾选。在示图的左上角就会出现相应的参数，其中 Verts 代表点的个数，Edges 代表边的个数，Faces 代表四边形的个数，Tris 代表三角面的个数，UVs 代表 UV 点的个数，如图 2-2。在 3ds Max 里，按数字键 "7" 即可显示出面的个数，其中 Polys 代表三角面的个数，如图 2-3。在游戏模型的制作中，一般是以三角面的个数来限定模型的面数。

View	Shading	Lighting	Show	Renderer	Pane
Verts:		382	382		0
Edges:		780	780		0
Faces:		400	400		0
Tris:		760	760		0
UVs:		439	439		0

图 2-2

[+] [Perspective] [Smooth + Highlights]

	Total
Polys:	12
Verts:	8
FPS:	74.678

图 2-3

第二节 标准人体模型制作

学前必读：本节教学所使用的原理是化繁为简，再由简到细，具体如图 2-4 所示。通过本节的学习，读者可以在熟练掌握该技巧的情况下，半个小时就能做出标准的人体，该方法适合一切生物类模型。

默认情况下，在三维软件里模型的显示如图 2-4 的左图所示（在 Maya 里是默认按数字键 1 的显示状态），中图为平滑显示（在 Maya 里是按数字键 3 的显示状态，3ds Max 里是在模型上点右键弹出的浮动菜单里勾选 NURMS Toggle），右图是使用平滑命令后的显示状态（在 Maya 里是使用 Smooth 命令后的显示状态，3ds Max 里是在模型处于中图所示状态时点右键弹出的浮动菜单里选择 Convert to Editable Mesh 后的显示状态）。从图中可以看出，一个面在平滑后变成了四个面。我们可以利用这一特性，在制作模型的时候用左图所示状态布线定大形，再在中图所示状态下调整大形，然后再平滑得到一个布线均匀合理、形体明确的基础模型，然后再对局部进行加减线、调整形等操作，最后得到最终模型。

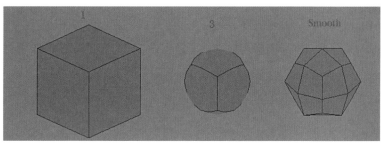

图 2-4

一、基础人体制作

建立一个立方体，并调整形体如图 2-5，然后选择相应的点、线、面，调整形体，注意三个示图的形体变化。再选择面挤压调整，最后调整出胸腔、腰、臀三者之间的关系。如图 2-6 所示。

选择相应的面，挤压调整，得出三角肌的大形，如图 2-7 所示。

如图 2-8 所示，选择相应的面进行挤压，将终点位置定在手腕处。在中间位置添加一圈线定出肘关节的位置，稍微缩放一点。再在三角肌下边添加一圈线，稍微缩放一点，区分出三角肌和大臂，然后在大臂和小臂处分别添加线，调整出肱二头肌、三头肌和小臂的形状。值得注意的是在挤压之前应将面调整成接近正方形，目的是使挤压出来的手臂横截面能够较为规整。

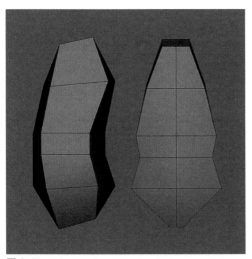

图 2-5

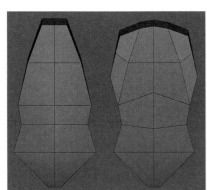

图 2-6

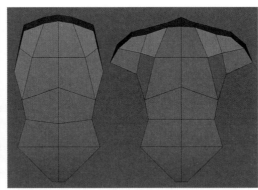

图 2-7

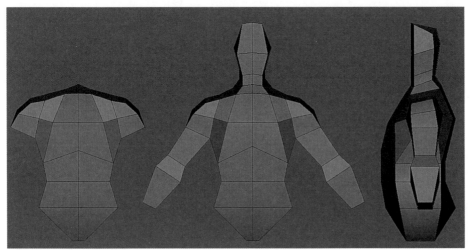

图 2-8

选择图 2-8 的面，挤压出脖子和头部的部分形体，再选择图 2-9 所示的面，挤压出面部形体，再通过调整形体得到图 2-10 所示的形体。注意头、胸之间的比例关系和动态关系。

如图 2-10 所示，先挤压出整个腿部的形体和位置，再定出膝盖的位置，然后是大腿和小腿。注意在挤压腿部的时候和挤压手臂一样，要确保横截面呈接近正方形。同时注意前视图和侧视图腿部的起伏形状。

如图 2-11 所示，选择相应的面做出脚部和手掌的模型，注意腿部和身体其他部位之间的形体关系，当所有形体都调整好之后，就可以对模型进行细分得到较为光滑且面数较多的模型，如图 2-12 所示。

如图 2-13 所示，选择脚底板的面，使用缩放工具对其进行上下缩放，使得这些面处于一个平面，然后再调整脚底板的形状，多观察和参考鞋底板的形状。最后让脚部往外，有点"外八字"的感觉才会显得自然。

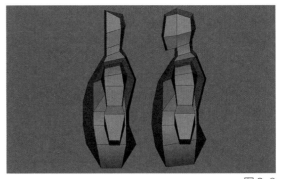

图 2-9

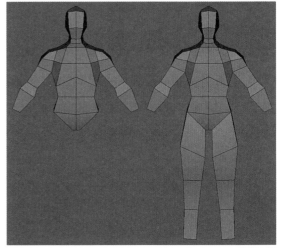

图 2-10

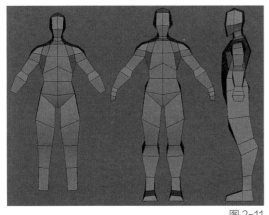

图 2-11

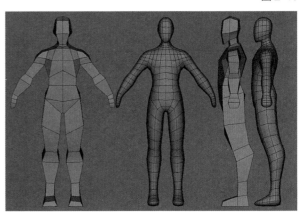

图 2-12

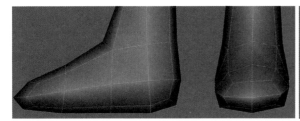

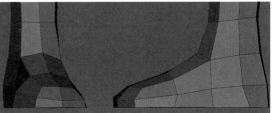

图 2-13

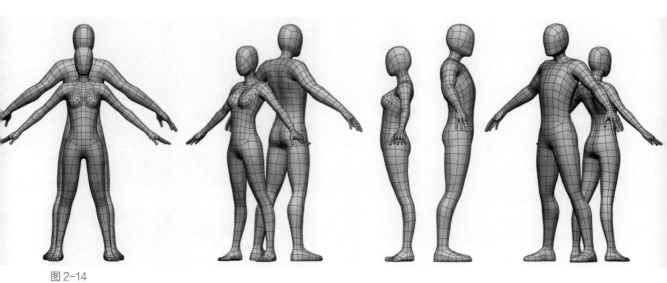

图 2-14

完成上述步骤后，基本的形体和布线已经完成，可根据具体角色的不同对形体做调整，比如不同性别、不同高矮、不同胖瘦等特征（如图 2-14 是男女角色的体态差异对比）。本案例调整的是一个较为标准匀称的男性角色。关于角色比例问题，一般是用头长来定义，游戏模型大体分为：写实类的 9 头身、8 头身、7 头身等比例关系，卡通类的 5 头身，Q 版的 3 头身等。

具体比例建议读者以原画为准。

选择如图 2-15 所示的手掌处的面，调整成如图 2-15 左、中两图的状态，再加线调整，调整出手掌的基本形状。注意手掌各个角度的弧形。建议多观察自己的手。选择图 2-15 右图所示的四个面，挤压出四根手指，注意手指前段应该有一定的斜度。

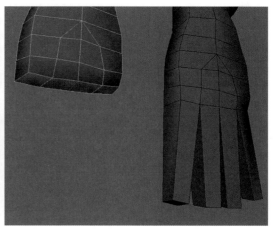

图 2-15

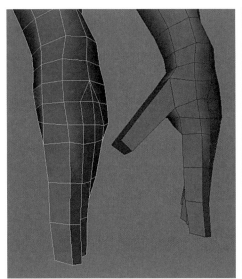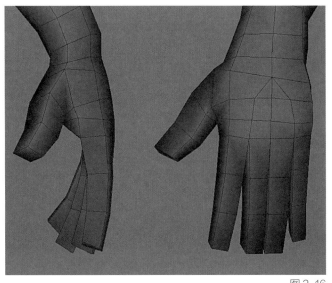

图2-16

再选择图2-16所示的面（从四根指头挤出的位置往上数第三个面的位置，同时由于大拇指和其他四根手指本身就存在一个角度差，因此在选择面的时候我们就选择靠手掌心方向的面），挤压出大拇指，再在大拇指和其余四根手指上分别添加三根线，调整得出整个手部的形体。注意手指的状态，千万别做得太僵硬，应该自然一点。整个手脚都可以粗大一点，那样看上去给人稳重厚实的感觉，更加协调完美。

最后可将多余的边删除，不够的边加上，调整得出最终效果。注意背部一定要厚实，男性角色要有"虎背熊腰"的感觉，同时还要注意臀部的造型。（图2-17）

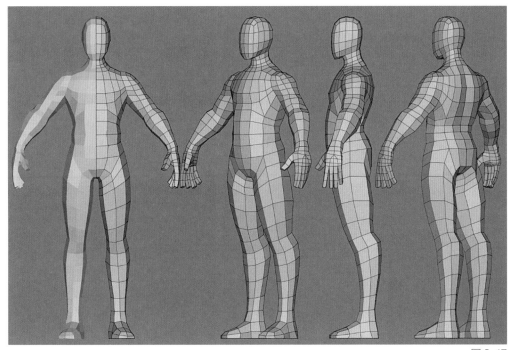

图2-17

用这种方法，可以很快速地完成任何人形角色、人形怪角色、半人半兽怪角色等模型，如图2-18~图2-20所示。

在此模型基础上，可根据不同的原画进行不同装备的制作，最后得到完整的模型。

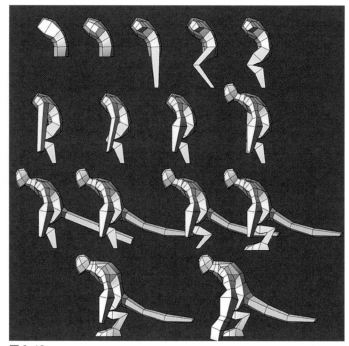

图2-18

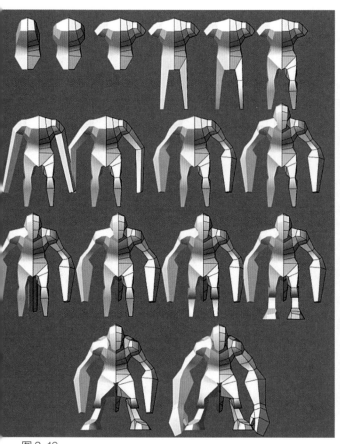

图2-19

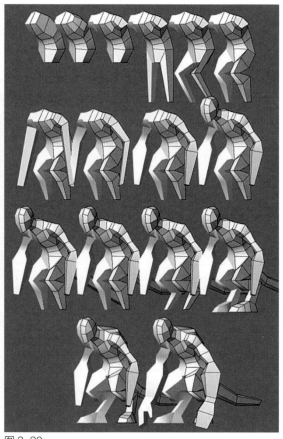

图2-20

在制作装备的时候，有一个技巧，那就是直接选择基础模型上的面，复制或者提取，然后再进行编辑，最后得到想要的模型。

如图 2-21 所示，是学生利用这种方法制作的写实类游戏角色。

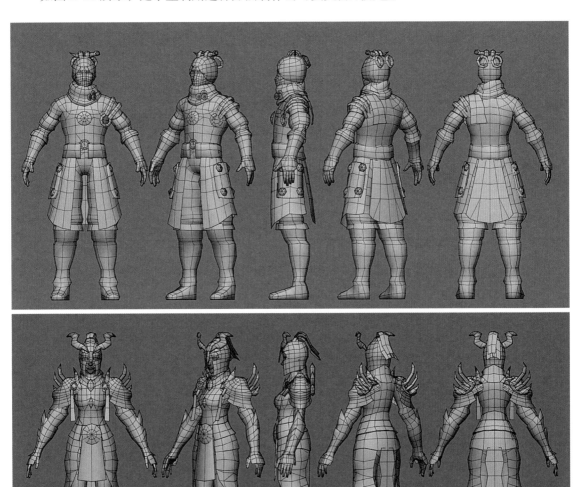

图 2-21

二、头部五官制作

选择颈部以上的面，将其他部位的面都隐藏，然后可参考图 2-23、图 2-24 的步骤对头部进行制作，这里讲解几个关键步骤。从侧视图将模型调整成如图 2-22 所示，同时要注意尽量使头部横向的每一根线都能对应头部的关键点，比如眉弓、眼睛、鼻底、嘴巴中缝线等。这时候的形状有点像"北京人"。假想我们将面部凸出的地方（额头、鼻梁、耳朵等）都省去的话，那么整个头部基本应该是图 2-22 左上图的样子。这样理解也是为了让大家有一个形体起伏的概念，逐步掌握形体变化的思路及步骤。然后沿着鼻梁处添加如图 2-22 右上图的线，并选择鼻梁和额头相对应的面进行挤压，最后得到鼻梁和额头，具体参考图 2-23、图 2-24 的步骤图。

在侧视图里，同样在下颚骨处添加两条线，如图 2-22 红色处。然后将中间那条线删除，最后调整出下颚骨的形状，具体参考图 2-23、图 2-24。其他部位的制作既可直接参考步骤图，也可打开配

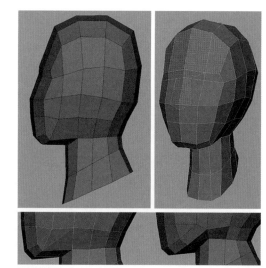

图 2-22

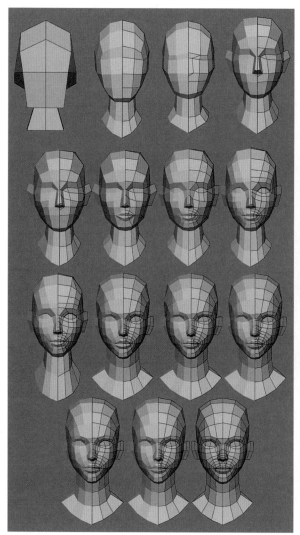

图 2-23

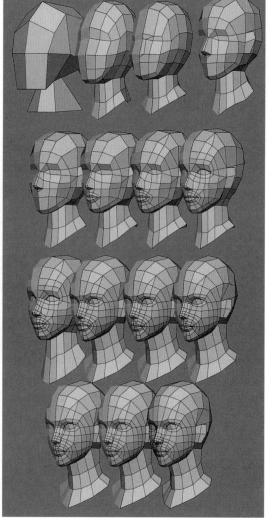

图 2-24

套光盘的源文件进行参考。更加细致的讲解请参看第五章综合案例关于卡通头部制作的相关环节。

　　男性头部可参考如图 2-25 所示的范例。面部布线遵循"同心圆"和"放射线"相交错的原理。以嘴部、眼部、耳部为圆心的三组"同心圆"布线，同时以这三个点为中心点的放射状的线相互交错，最后组成面部的布线网络。由于游戏模型对耳部的造型要求不是那么严谨，因此本书案例的耳朵均简化处理为一个面片，没有深入制作。

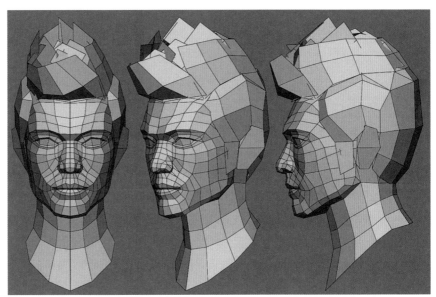

图 2-25

第三节 标准四足动物制作

　　本案例以一头雄狮为例讲解标准四足动物的制作，方法适合所有的动物模型，如图 2-26 所示。

　　首先对原画图 2-27 进行分析，该原画的整体风格感觉比真实的狮子要夸张一些，形体更加概括。为了能更好地把握形体，我们可以找一些参考图，由于我们要训练大形，因此我们在找参考图的时候就应该找概括性较强的图片，比如雕塑就是很好的选择。那种大刀阔斧的感觉，能帮助我们找到物体的结构及比例。

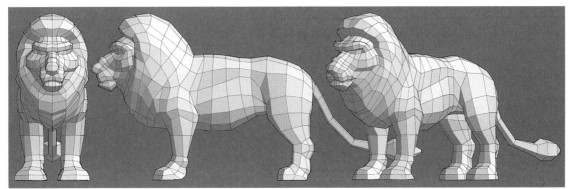

图 2-26

图 2-27

一、基础形体制作

为了能更好地把握住形体的比例及结构，可以将参考图导入三维软件里进行建模。新建一个立方体，在侧视图里先把身体大形做出来，注意中间应该有分割线，以便接下来删除一半后左右对称，如图 2-28 所示。

再选择图 2-28 右图头部的面进行挤压调整，得到图 2-29 左图的结果，再使用细分平滑等相关命令，得到如图 2-29 右图的效果。

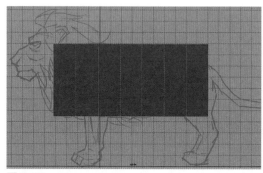
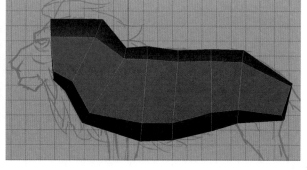

图 2-28

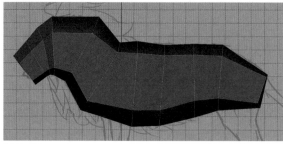
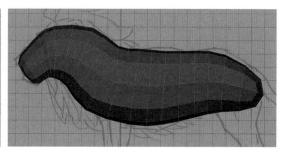

图 2-29

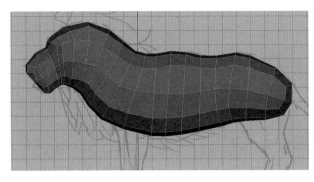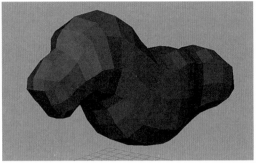

图 2-30

　　删除物体的一半，使用镜像复制，复制出模型的另一半，以便能调整一半而得到左右同时调整的结果。在红线的位置给模型添加线，然后调整，结果如图 2-31 所示，这样鼻子的大形就出来了。

　　同理，给头部位置添加一些线，再调整。注意红线的位置，应和结构相匹配。如图 2-32 所示。

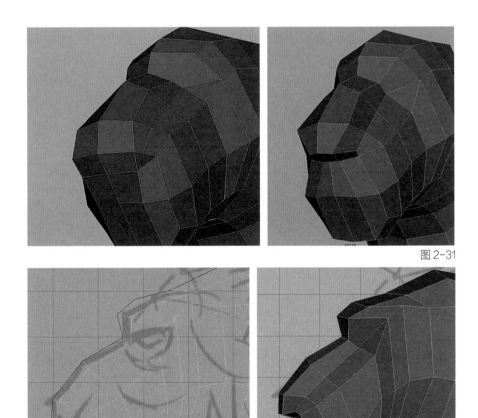

图 2-31

图 2-32

再调整身体部分,注意红线的位置,如图2-33所示。

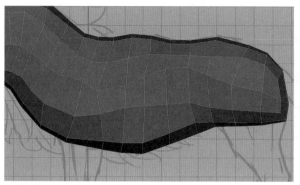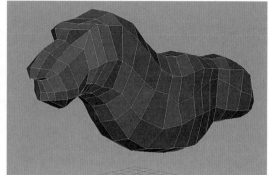

图 2-33

二、腿部的制作

选择如图 2-34 所示的面,使用 Extrude(挤压)命令,并调整形体如图 2-34 左图所示,注意红线的位置及造型,红线处为前腿和胸腔的大致连接处,由于胸腔大致是一个椭圆形,因此前腿和它的连接处也应该有一定的弧形。

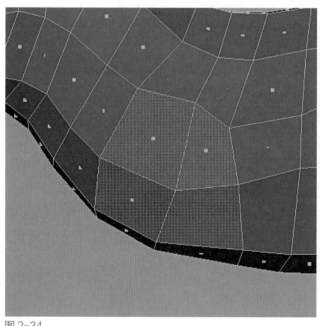

图 2-34

同理，选择如图 2-35 所示的面，使用 Extrude（挤压）命令，并调整形体。

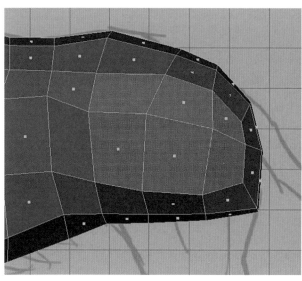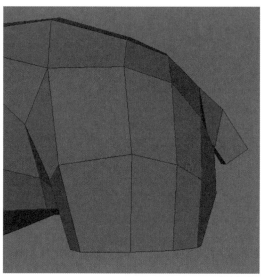

图 2-35

挤压出尾巴的时候要注意删除多余的面，如图 2-36 所示。

特别需要注意的是四条腿的横截面造型一定要比较整齐、布线均匀，以方便后面的挤压操作。如图 2-37 所示。

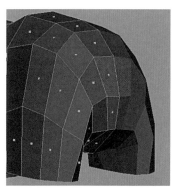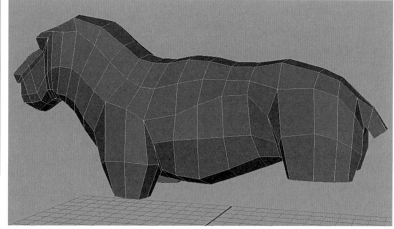

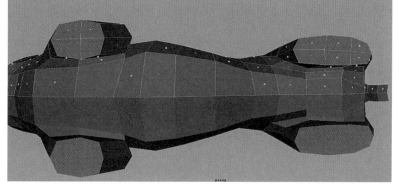

图 2-36

图 2-37

当调整好之后，就可以使用挤压命令对腿部进行挤压调整，挤压后大致效果如图 2-38 所示。

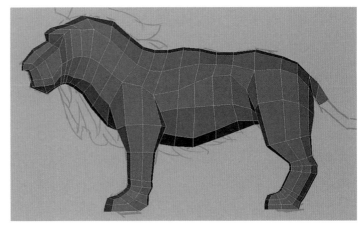

图 2-38

三、头部的制作

在红线处给物体添加线，调整出眉弓的大形以及和颧骨之间的转折关系，如图 2-39 所示。

用相同的方法对模型进行加线调整，最后得到如图 2-40 所示的效果。

选择脖子周围的面，挤压调整，做出毛发的形体，由于整个模型都是比较概括的，因此毛发也应一样，不要拘泥于每根毛发，应该从整体着手，如图 2-41 所示。

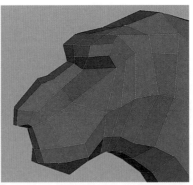

图 2-39

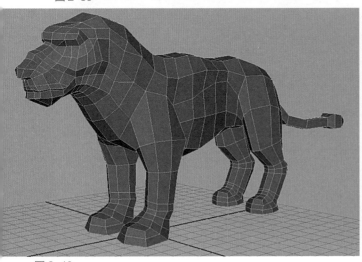

图 2-40

图 2-41

现在返回再对头部做一些调整，在眉弓中间处再加一条线，做出一定的弧形，这样更能体现眉弓的形体转折，如图 2-42 所示。

选择如图 2-43 所示的面，往外调整，把狮子上唇厚实的感觉做出来。

为了合理利用线与面，我们在进行尾巴的调整时可以做如图 2-44 所示的处理。也就是把原来尾巴的横截面从六边形变为四边形，以达到节约面数的目的。

图 2-42 　　　　　　　　　　　　　　　　　　　　　　　　　　　图 2-43

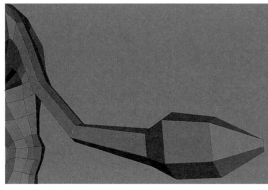 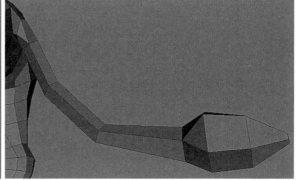

图 2-44

四、布线分析

上述三个步骤中，我们把模型的整体比例以及结构大致做了出来，接下来要做的就是细致调节，在现有形体以及布线基础上进行操作。形体和布线是分不开的，布线是为了造型，布线的多少、布线的位置直接影响着模型的体积和表现。因此接下来我们就一起来分析和学习在不同的地方布线的方法。

布线的原则：线应附着在结构上。

布线的技巧：在结构转折的地方布线。

布线的趋势：角色类的布线，没有一组线是从任何一个角度看是平的，所有的线都应该有一个弧形趋势，要么向上弯曲，要么向下弯曲。

（一）眉弓

图 2-45 从平视的角度看上去，横向的三组线（左图红线处）整体上就应该有一个弧形趋势，才能表现眉弓的起伏变化。同理，从俯视的角度来看眉弓，刚才那三组线同样也应该是一个弧形，不然很难表现眉弓的形体转折。

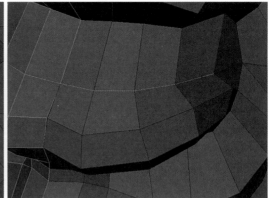

图 2-45

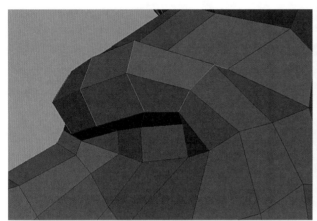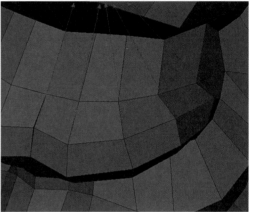

图 2-46

大家一定要记住，我们是在三维空间中造型，任何一个部位我们都应该至少从三个角度去观察，看线的走势是否符合它本身应该存在的趋势。眉弓和额头相连接的地方（右图红线处）的布线也是同样的道理。

我们再来看图 2-46 纵向的几组线（左图红线处）的走势。从侧视角度看这几组线是一个弧形；从俯视角度看，这几组线还有一个特点，这是大家在调整形体的时候最容易忽略的地方，

那就是它们大致应该是从一个圆心发射出来的线。换句话说，它们大致的走势应该走向同一个点。

（二）颧骨

图 2-47 从平视的角度看去，横向的三组线（左图红线处）整体是一个向下弯曲的弧形；从俯视的角度来看，这三组线（右图红线处）整体是一个向外弯曲的弧形。为什么会这样呢？因为颧骨本身从任何一个角度看就是一个弧形。

图 2-47

图 2-48

　　图 2-48 从平视的角度看去，纵向的 5 组线（左图红线处）整体是一个向外弯曲的弧形。从俯视角度看，这 5 组线走势也大致趋向同一个点。这里还有一个要特别注意的地方，这 5 组线都是 3 次转折，意味着面也是 3 次转折。换句话说，要想表现一个隆起的体积，至少要 3 个面的转折才能表现。如果换成 2 个面的转折，就会像图 2-48 右图所示那样表现不到位。

（三）嘴巴

图 2-49 嘴巴的中缝线（红线处）可谓是一波三折，切记千万不能是一条直线。其周围的线的走势仍然和前面所讲的一样，应该和形体的起伏紧密相关，并且要至少从 2 个角度去观察是否是弧形。嘴角处有点向下的感觉，主要是表现其沉稳凝重的面部表情。更重要的是如图 2-49 右下图所示线的走势，嘴巴周围的线要使上下唇一一相连，形成一个环形，目的是方便口型动画。这一点一定要记住，就算是简易模型，我们也应该做到为后面更加细致的调节制作做好铺垫和准备。

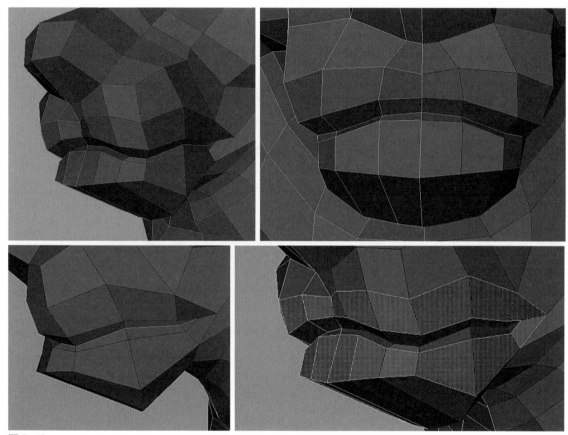

图 2-49

图 2-50 中背部和腹部的布线由两组交叉的线组成，每一组线都有一个走势和造型，这样才能达到造型的目的。

图 2-51 前腿和身体连接的地方应该是有一定空隙的，也就是由一组比较细小的面组成，这样当动画变形的时候，才能得到正确的肌肉变形。

通过以上的学习，我们能快速且高效地制作出标准的四足动物模型，在此基础上，可根据原画设定，添加其他细节以及辅助装备，最后完成模型制作。

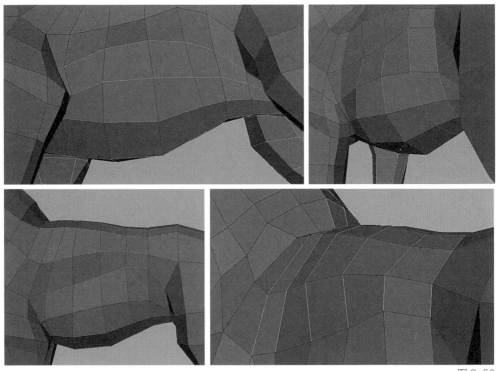

图 2-50

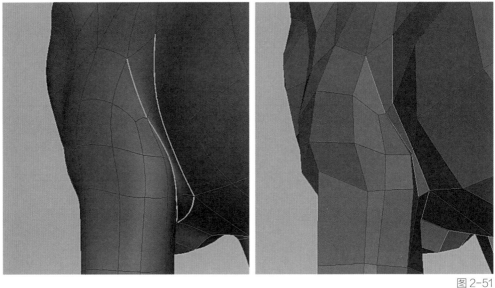

图 2-51

第三章
UV 制作

本章导读

本章我们将学习如何对模型的 UV 信息进行分解、编辑、输出，重点将学习专门进行 UV 制作的软件 UVLayout。

精彩看点

● 如何安装软件？
● 人体 UV 制作。
● UV 的制作规范。

第一节 软件安装

首先打开配套光盘的安装文件或者从网上下载的安装文件，默认安装软件，双击 iuvlayout-pro-2[1].00.05.exe 文件。安装完成后，点击开始按钮，执行 License UVLayout 命令，或者双击软件图标，打开 headus 3D tools，再点击 Go to License Manager 按钮，如图 3-1 所示。

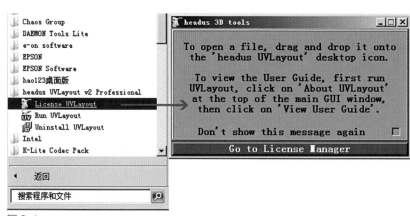

图 3-1

再打开安装文件夹 crack 中的 KeyGen.exe，将 Ether 中数字复制到 X-FORCE 中，点击 Generate 按钮，生成 Key，如图 3-2 所示。

点击 headus 3D tools 面板中的 Edit 按钮，会出现一个 keys.txt 文本文件，将刚才生成的 key 数字，复制到文本文件中，保存文本文件后点击 Quit 退出，如图 3-3 所示。

图 3-2

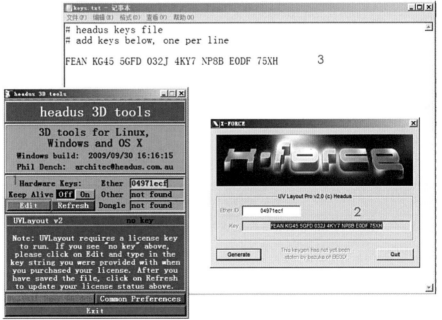

图 3-3

点击Refresh按钮，即可完成破解，如图3-4所示。

完成破解后，点击 headus 3D tools 按钮面板中的 Test 按钮，即可打开 UVLayout 软件了，如图 3-5 所示。

图3-4

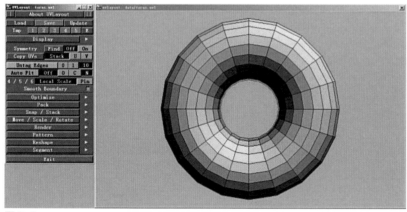

图3-5

第二节 UVLayout 软件实例操作

一般情况下，左右对称的物体在拆分 UV 的时候都会将 UV 重合，以便画贴图的时候能左右对称，因此在将模型导入 UVLayout 软件前，应该将对称的物体删除一半，不是对称的物体依然保持原状。

首先在三维软件里选择物体，通过相应的接口文件启动 UVLayout，在 UV 编辑面板（按数字键1）里选择所有 UV，按 Shift+D 键，把已经投入 UV 模式的物体重新投入编辑模式，如图 3-6 所示。

查找剪开边（比如说准备把手臂从身体分离，那么分离的那一条边就是这里所说的剪开边）：把鼠标放在准备剪开的边上（比如肩部位置），按 C 键，就会提示相应的连续线（红色显示），如果出现了不希望出现的线，可把鼠标放在相应的边上，按 W 键取消，如图 3-7 所示。

分离剪开边（比如说把手臂从身体分离）：如果是环行线，可直接按 Enter 键切开，如果不是环行线（比如手臂的剪开，如图 3-8、图 3-9

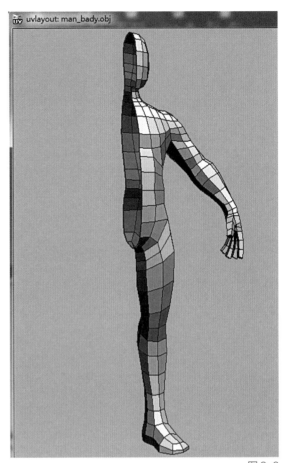

图 3-6

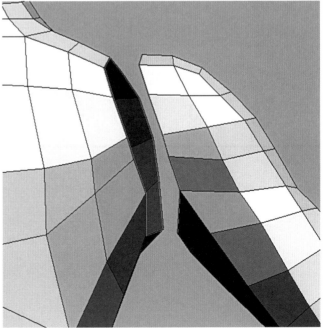

图 3-7

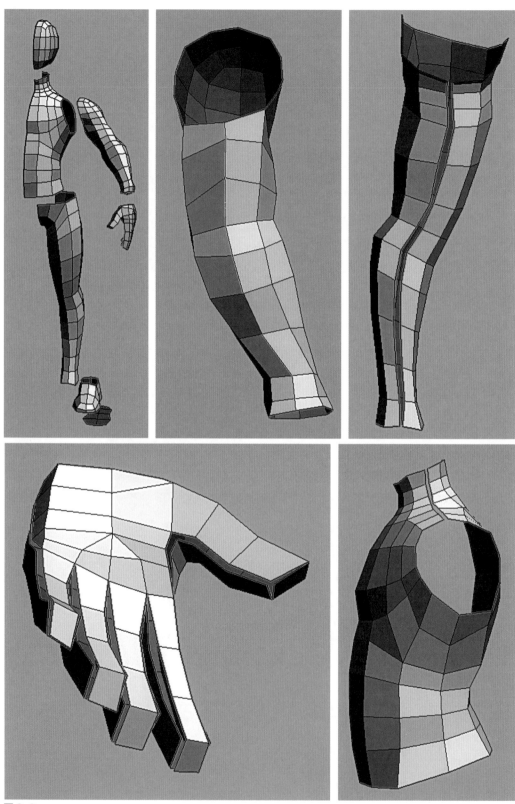

图 3-8

所示。同时要注意剪开边的位置，一般情况下剪开边应放置在视觉不易看到的地方，比如腋下、腿部内侧等），则按 Shift+S 键强制切开。（记得在切开的时候鼠标一定要放在相应的物体上，手臂才会和身体分离，出现一段空隙）

将鼠标放在分离出来的物体上，按 D 键，

将物体从编辑模式传送到 UV 模式，按数字键 1 进入 UV 模式（如果编辑模式下的所有物体都被传送到 UV 模式下，那么视图会自动切换到 3D 模式，如图 3-10 所示。需要按数字键 1 才能进入 UV 模式，物体按先后顺序依次排列在 UV 编辑器里）。

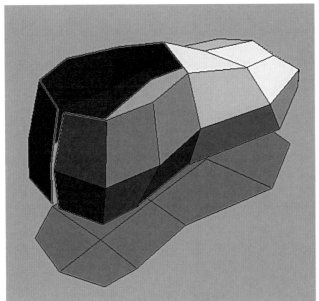
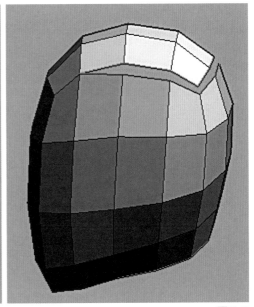

图 3-9

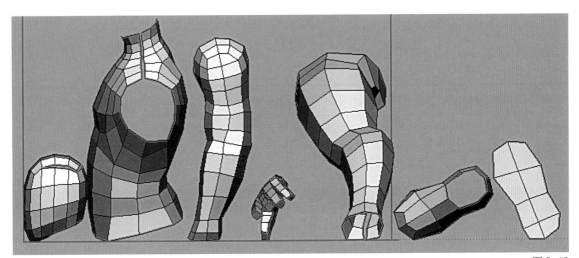

图 3-10

在 UV 模式下，把鼠标放在物体上，按 Shift+F 键就会出现如图 3-11 所示的圆形或椭圆形的 UV，然后按空格键开始解算 UV，当 UV 解算结果是我们想要的结果时，可再次按下空格键停止解算。

用同样的方法将所有物体的 UV 都解算出来，如图 3-12 所示。

此时，如果按数字键 3 进入 3D 模式，会发现模型上已经被赋予了棋盘格贴图，这是因为我们的模型的 UV 已经被解算出来了。按+或-键将会放大或缩小棋盘格，按 T 键可在数字棋盘格、棋盘格、颜色三种显示之间切换。

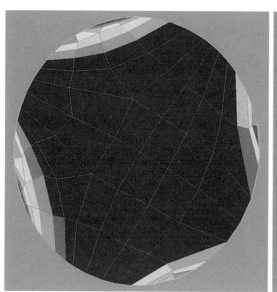
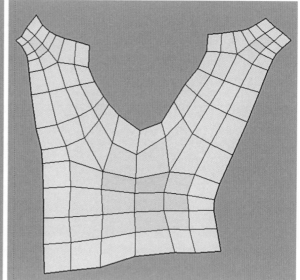

图 3-11

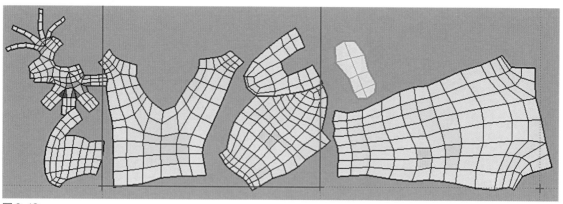

图 3-12

第三节 UV 的制作规范

当所有 UV 都被解算出来之后，我们可以根据实际情况选择是否在 UVLayout 软件里对 UV 进行合理摆放。如果需要在 UVLayout 软件里对 UV 进行合理摆放，按住"空格键＋中键"可以移动所选择的 UV，"空格键＋左键"可以旋转所选择的 UV，"空格键＋右键"可以缩放所选择的 UV。也可将目前的状态导回到三维软件里，再进行 UV 的合理摆放。最后的摆放结果可参考图 3-13 所示。

UV 拆分及摆放的注意事项

一是 UV 应该没有挤压和拉伸；二是 UV 应该没有重叠；三是同一种物体的 UV 应该一样大（棋盘格显示应该一样大）；四是 UV 应该最大化整齐地摆放在 0 ~ 1 的范围内。

关于以上第 3 条注意事项，在实际操作中，是为了能满足第 4 条，以及个别物体需要重点表现的时候（比如角色脸部一般情况下都会作为重点，这时就会将脸部的 UV 放大，以便能更好地表现细节），最终的结果 UV 有可能不是一样大，因此要根据具体情况来对 UV 进行拆分摆放。

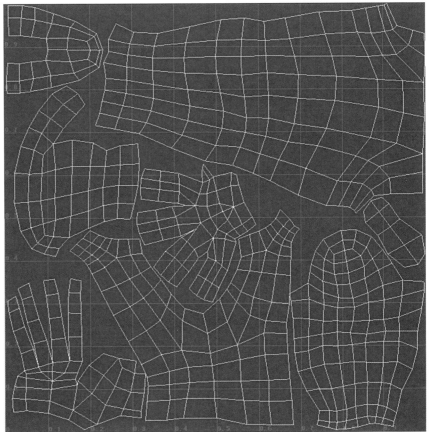

图 3-13

第四章
常用贴图质感表现

本章导读

通过前面章节的学习，我们已经掌握了模型及 UV 的制作，本章我们将学习如何表现游戏制作中常见的不同材质及质感的贴图，重点讲解皮肤、毛发、金属、布料等材质。

精彩看点

- 手绘贴图的注意事项。
- 色彩对贴图的影响。
- 各种常用贴图的绘制技巧。

第一节 手绘贴图的注意事项

一、色彩的产生

在黑暗中，我们看不到周围物体的形状和色彩，这是因为没有光线。在光线很好的情况下，却看不清色彩，这是因为视觉器官不正常（例如色盲），或是眼睛过度疲劳。在同一种光线条件下，我们会看到同一种景物具有各种不同的颜色，这是因为物体的表面具有不同的吸收光线与反射光线的能力，反射光不同，眼睛看到的色彩就不同，因此，色彩的发生，是光对人的视觉和大脑发生作用的结果，是一种视知觉。由此看来，需要经过光—眼—神经的过程才能见到色彩。

二、色彩的三要素

（一）色相

色相即各类色彩的相貌称谓，如大红、普蓝、柠檬黄等。色相是色彩的首要特征，是区别各种不同色彩的最准确的标准。事实上任何黑白灰以外的颜色都有色相的属性，而色相是由原色、间色和复色构成的。

1.原色

原色是不能通过其他的有色材料混拼而成的。能配合成各种颜色的基本颜色，也叫基色。它们是不能再分解的色彩单位。

2.间色

当我们把三原色中的红色与黄色等量调配就可以得出橙色，把红色与蓝色等量调配得出紫色，而黄色与蓝色等量调配则可以得出绿色。

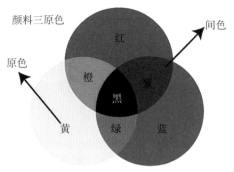

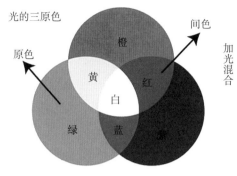

图 4-1

在专业上，由三原色等量调配而成的颜色，我们把它们叫作间色。当然三种原色等量调配出来就是近似黑色了。在调配时，由于原色在分量多少上有所不同，所以能产生丰富的间色变化。（图 4-1）

3. 复色

如果我们把原色与两种原色调配而成的间色再调配一次，就会得到复色。在一些教科书中，复色也叫次色、三次色。复色是很多的，但多数较灰暗，而且调得不好，会显得很脏。（图 4-2）

（二）明度

明度指颜色的亮度，不同的颜色具有不同的明度，可理解为色彩混入黑、白色后所产生的明暗关系。也可理解为色彩自身的明暗关系（不加黑、白色），例如黄色就比蓝色的明度高，在一个画面中安排不同明度的色块也可以帮助表达画者的感情，例如如果天空比地面明度低，就会产生压抑的感觉。任何色彩都存在明暗变化。其中黄色明度最高，紫色明度最低，绿、红、蓝、橙的明度相近，为中间明度。另外在同一色相的明度中还存在深浅的变化。如绿色中由浅到深有粉绿、淡绿、翠绿等明度变化。

（三）纯度

纯度是说明色质的名称，也称饱和度或彩度、鲜度。色彩的纯度强弱，是指色相感觉明确或含糊、鲜艳或混浊的程度。高纯度色相加白或黑，可以提高或减弱其明度，但都会降低它们的纯度。如加入中性灰色，也会降低色相的纯度。在绘画中，大都是用两个或两个以上

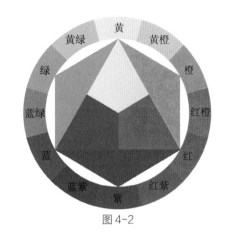

图 4-2

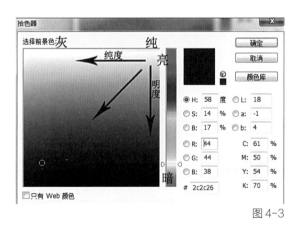

图 4-3

不同色相的颜料调和的复色。根据色环的色彩排列，相邻色相混合，纯度基本不变（如红色和黄色相混合所得的橙色）。对比色相混合，最易降低纯度，以致成为灰暗色彩。色彩的纯度变化，可以产生丰富的强弱不同的色相，而且使色彩产生韵味与美感。（图 4-3）

三、手绘贴图的概念和分类

应用于游戏制作的手绘贴图从风格上一般分为写实性和非写实性（卡通风格）两种类型。其色彩的表现理念与传统性绘画是一致的，都是利用色彩结合光影的变化去表现事物的形体，只是在工具和技法上和传统性绘画有天壤之别。

手绘贴图与照片贴图的不同：手绘贴图在塑造对象时注重色彩的运用和表现，不拘泥于客观事物的繁缛细节，比较概括，具有一定的个性，给人的艺术感染力比较强。照片贴图主要在于利用现有的图片素材冷静、客观地表现物体，对物体的实际面貌的客观再现有较高的要求，其处理的方式也不尽相同。

（一）贴图应该使用丰富多彩的颜色

如果你要制作一个蓝色的墙壁，加上一些橙色和褐色会更加漂亮。灰色的金属加些蓝色、红色、紫色、橙色等能表现金属的周围环境。变化性的颜色将为游戏带来更丰富的感觉。无论 UV 空间有多小，所有的范例贴图每个部分都有细节，没有一个地方是匆匆带过的。如图 4-4 所示，在制作一个蓝色的石头时用了很多种颜色。制作金属时里面加点橙色，因为金属一般情况下会偏蓝色，而橙色是蓝色的补色，那样画面色彩会更丰富、更协调。

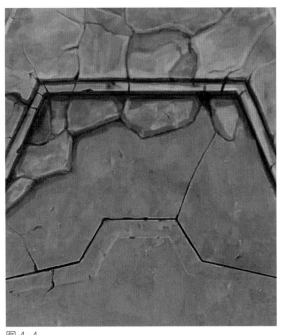

图 4-4

（二）贴图应该干净而锐利，避免失真和模糊

图 4-5 左图是在 Photoshop 里面用边缘柔软的笔刷绘制的效果，右图是用较硬的笔刷绘制的效果。能看出硬笔刷绘制出来的效果会更加清晰锐利，即使放大几倍，也能清晰地看到色彩的变化，缩小几倍色彩过渡也依然会很自然。

图 4-6 是一个用硬笔刷制作贴图的样例。

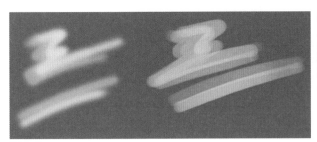

图 4-5

图 4-6

图 4-7 图 4-8

如果我们将贴图放大一点，硬边融合会变得更清楚。混合在一起的颜色几乎被隔离，没有混合和弄脏两个颜色，这是我们想要的效果。这些清晰的色彩边缘可以帮助维持一个贴图的锐化效果，因此贴图看起来不会有低分辨率的感觉。如图 4-7 所示，有些时候制作较大一点的贴图时，不要总是把它的分辨率设置得很高，而应该尽量在有限的空间里表现最大精度的贴图。

（三）用色阶工具检查贴图明暗区域的对比

当画一张贴图时，很难意识到你画的贴图暗部是否是正确的。最好的方法是用 Potoshop 中的 "色阶" 工具去测量。图 4-8 的帐篷贴图样例的色阶范围选择十分合适。

大部分的色阶应该落在中间的区域，但是曲线应该包含很长的色阶范围，然后逐渐地递减，而不能急剧地衰减。色阶大部分的颜色应该集中在中间，急剧地衰减会导致贴图损失对比度，给人感觉比较平。色阶相当亮或者相当暗，缺乏逐渐的衰减，会导致贴图失去重要的亮部和暗部区域。非常重要的一点，整个贴图的色阶也许看上去是对的，但是仍然有些区域的对比不够

强，解决此问题的一个好的方法是以边界来选择一个区域来确定贴图是否在一个正确的色阶上。

不要把暗部画在 15% 以下，只有黑色的屏幕例外。值得注意的是图 4-8 这张图片的 "色阶" 包含了整个范围，也包括比较低的范围。贴图师已经画了一些暗的颜色在绳子后面和一些贴图中凹槽的部位，这些都是灯光很难照到的。这些是唯一可以接受使用比较暗的颜色的区域。在贴图中不要有自身的阴影，因为在色阶比较低的范围可能会完全丢失。（图 4-9）

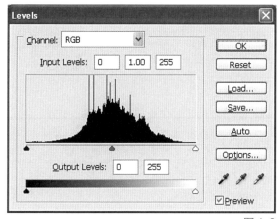

图 4-9

如图 4-10 右图所示，不要有黑色的阴影出现，这样计算出来的光照缺乏亮部。下例反映出画工对分辨率的影响。如图 4-11 中有 A、B、C、D 四个立方体，分别用了 3 个不同的分辨率：256×256，128×128，64×64。其中立方体 C 用了 256×256 的贴图，但由于贴图没画好，实际看上去的精度在 64×64 和 128×128 之间，立方体 A 用了同样的分辨率，但精度看上去就明显要高于立方体 C。立方体 B 的分辨率感觉也高于立方体 C。这样的关系在图 4-12 的两张图中能体现出来，因此在画贴图的时候应该保证图片的每一个部分都被充分画到。

图 4-10

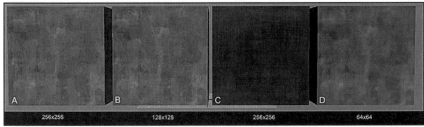

图 4-11

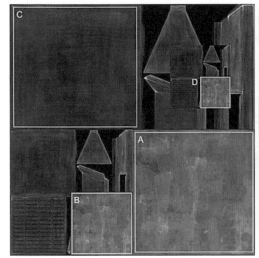

图 4-12

第二节　绘制前的准备

我们在画贴图的时候，要经常在绘画软件和三维软件中来回切换以便观察调整，因此在三维软件中就要做一些设置，以方便观察，下面就以最常用的 3ds Max 和 Maya 这两个三维软件来做一些简单说明。

一、3ds Max 里的设置

打开 3ds Max2013，先来进行一个小小的设置。为了在我们绘制贴图时方便对贴图效果进行观察，一般会将 3ds Max 默认的内部光照取消。单击快捷键 8，打开环境设置框，将 Global Lighting 下的 Tint 和 Ambient 的颜色改成如图 4-13 所示。

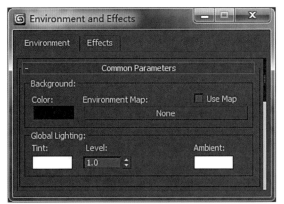

图 4-13

在 3ds Max 里由于默认的纹理显示精度不够高，当我们将贴图导入模型中时，最后的显示会和贴图本身的精度有差别，为了能显示一致，我们需要对默认显示精度做一些设置。选择主菜单 Customize—Preference Settings 选择 Viewports 选项卡，在 Display Drivers 选项栏里选择 Configure Driver 按钮，弹出 Configure OpenGL 对话框，如图 4-15 的设置。这样就能正确显示贴图了，如图 4-14 所示。

图 4-14

二、Maya 里的设置

在 Maya 视图的显示里也设定了默认的灯光，我们也需要做相应的设置。打开 Maya 2013，在任意一个视图（取决于你想在哪个视图查看结果）里选择视图菜单 Lighting 选项下的 Use No Light。这样物体在视图里显示时就不会受任何灯光的影响，显示的结果就是贴图本身的色彩信息和亮度信息，如图 4-16 所示。

图 4-15

为了能准确实时显示透明贴图，我们还需要做一些设置，同样是在任意一个视图（取决于你想在哪个视图查看结果）里选择视图菜单 Shading，然后如图 4-15 进行设置。值得注意的是，在给材质球赋予贴图的时候，贴图本

图 4-16

身的格式也很重要，经测试发现，要得到正确的透明贴图显示，贴图应是带透明通道的一张图，格式如 .tga、.png 等，不要在 Color 属性上赋予不带通道的贴图，如 .jpg、.bmp 等，再在 Transparency 属性赋予一张黑白灰的图片作为透明贴图，总共加起来是两张图。这样做有极大的可能会得不到透明显示。为了方便操作，可能有的人想在 Photoshop 和 Maya 之间建立

psd 工作流，在 Maya 里给物体赋予一张带透明通道的 psd 格式文件，值得注意的是在 Default Quality Rendering（低质量）显示模式下，大多数时候在视图里不能实时显示透明贴图，如实在需要用 psd 格式文件，建议将显示质量改为 viewPort 2.0（视图菜单 renderer—viewPort 2.0），如果你的电脑显存不够大，请慎用此功能。

第三节 BodyPaint 3D 三维绘图软件的学习

一、BodyPaint 3D 简介

BodyPaint 3D 是由德国 MAXON 公司开发的一套三维纹理绘制软件，能够充分地与目前的动画软件结合，使用该软件可以在 3D 物体表面直接绘画，BodyPaint 3D 还提供了完美的材质操作功能，这使 3D 作业变得非常简便。另外，强大的编辑工具可以使用户在编辑图像的同时保证图像不失真、不扭曲、不变形，还可以在 UV 展开图中直接编辑。

BodyPaint 3D 是许多三维艺术工作者制作模型贴图时的首要选择，因为 BodyPaint 3D 拥有的许多先进技术可以让 3D 艺术家以最直接的方式绘制贴图，整个过程就好像真的在帮模特上妆一样。在国外甚至是好莱坞的电影工业也大量使用该软件，如 Sony Pictures Imageworks、

Framestore CFC、Cinesite 等，其他如《英雄》《蜘蛛侠》《亚瑟王》《北极特快车》等电影也都使用 BodyPaint 3D 来完成材质贴图的工作。BodyPaint 3D 目前有独立版和集成版，本书使用的是集成在 C4D 软件中的 BodyPaint 3D.3.1 中文汉化版，安装文件可在网络上下载。

二、BodyPaint 3D 安装

打开下载好的软件包或者使用配套光盘提供的安装文件，会有如图 4-17 所示的几个文件夹，按文件顺序依次操作。第一步，安装应用程序。按相应的提示操作即可，安装完成后在桌面生成如图 4-17 最右图所示的图标。第二步，汉化。将文件夹里的两个文件夹复制到安装目录下覆盖源文件。一般安装目录在 C:\Program Files\MAXON_BODYPAINT 3D V3.1，第三步，解决笔刷问题。将文件夹下的文件拷到以下目录即可：MAXON\BODYPAINT 3D\library\browser，这样就基本完成整个软件的安

第二步汉化

第三步 browser解决bp没有笔刷的方案

第一步 MAXON_B ODYPAINT 3D_V3.1

提示序列号

BodyPaint...

图 4-17

装了。

双击 BodyPaint 3D 软件图标，启动软件，首次使用会弹出如图 4-18 所示的对话框，在左边的 5 个空白框里填上任意字母，在右边的空白框里填上序列号（在安装包的"提示序列号"文件里），最后点击 OK 按扭。正常情况下软件就会正式运行了。

图 4-18

三、BodyPaint 3D 软件基础知识

（一）软件界面

（1）工具面板；

（2）命令菜单栏；

（3）颜色及工具属性调整面板；

（4）材质、模型对象、图层管理器面板，如图 4-19 所示。

（二）视图操作

BodyPaint 3D 启动时默认的视图布局为标准的均等四视图，分别为透视、顶视、右视、前视图（正面视图），如图 4-20 所示。

在每个视图的右上角

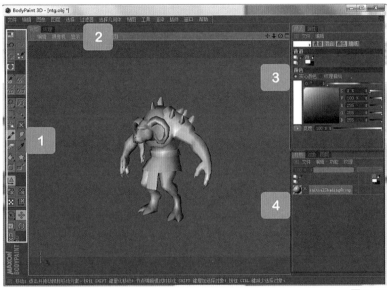

图 4-19

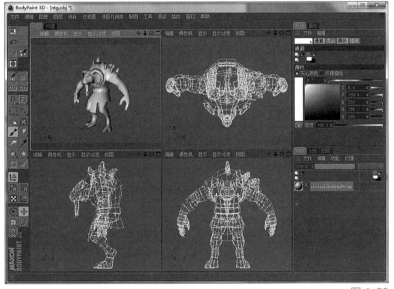

图 4-20

都有对操作视图的按钮工具，从左至右依次为移动视图、缩放视图、旋转视图、视图最大化，如图4-21红色区域所示。

相对应的快捷键：

"Alt+鼠标左键"为旋转视图；

"Alt+鼠标右键"为平滑缩放视图；

鼠标滚轮为快速缩放视图；

"Alt+鼠标中键"为移动视图；

鼠标中键为视图最大化。

如果需要改变视图，只需在所要改变的视图中选择摄像机选项，根据摄像机列表里所提供的视图类型进行选择，如可以把顶视图改为底视图，右视图改为左视图，正面视图改为背面视图等。摄影机列表里提供的各种类型的视图可以很方便地进行选择，如图4-22所示。

同样也可以在视图的面板列表里选择不同的视窗布局，甚至还可以使用鼠标在视窗的边缘拖拽，随意改变视窗的比例大小，如图4-23所示。

纹理视窗的网孔选项可以根据绘制贴图时的实际需要来显示或关闭UV线框，如图4-24所示。

我们可以非常方便地将使

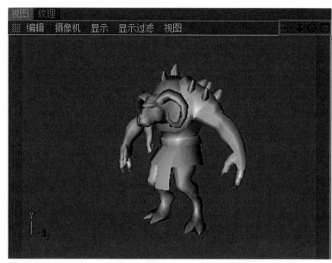

图4-21

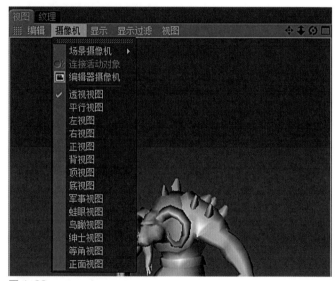

图4-22

用的面板设置为浮动模式，操作方法是在面板名称上点击鼠标右键，然后选择"浮动"，如图4-25所示。

如果想恢复到默认的布局状态，只需鼠标左键点击

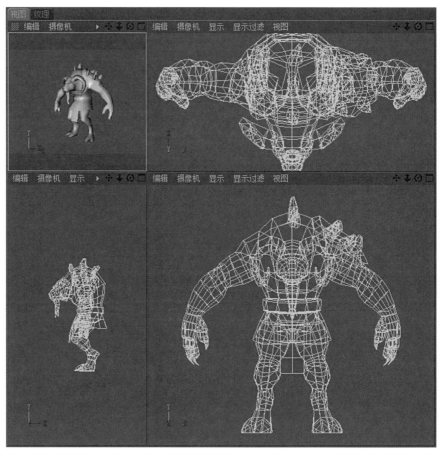

图 4-23

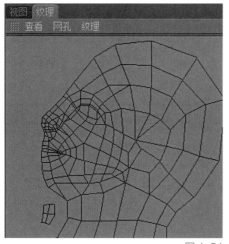

图 4-24

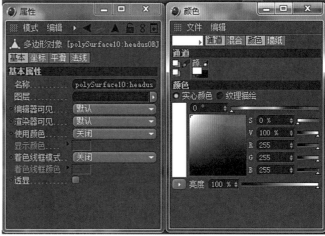

图 4-25

工具栏左上角的视图选择及恢复按钮，根据需要选择恢复和切换的视图布局即可，如图 4-26 所示。

（三）常用贴图绘制工具

本节的主要内容是讲解如何使用 BodyPaint 3D 来绘制贴图，所以修改工具及 UV 展平工具在此就不做介绍，这些功能完全可以在 3ds Max 或 Maya 里来实现。标注的序号基本上是与绘制贴图有关的工具，如图 4-27 所示。

（1）恢复默认视图工具：这个工具可以在不同的视图间进行切换及恢复默认视图。

（2）导入软件切换工具：如果使用插件直接从 3ds Max 或 Maya 中导入模型，这个工具可以在两个软件之间切换并即时显示改变效果。

（3）撤销上一次操作：如果操作错误或不理想可以使用这个工具撤销其操作结果。

（4）重复：功能同上，操作结果相反。

（5）取消上一次绘画操作：与撤销操作类似，但只针对贴图绘制有效。

（6）绘画设置导向：非常重要的一个功能，在导入模型以后绘制贴图前的第一个操作步骤。

（7）启用三维绘画模式：默认的绘制方法。

（8）投射绘制：可以有效地避免因 UV 比例的不匹配而产生的绘制效果变形，建议在绘制贴图阶段开启这个功能。

（9）应用投射绘制效果：可以将投射绘制的效果确认到贴图文件上。

（10）取消投射绘制效果：撤销投射绘制的效果。

（11）视图缩放工具：针对纹理贴图视窗的缩放，对模型视窗无效。

（12）光线跟踪笔刷窗口：可以更真实细腻地表现绘制效果。

（13）区域选择工具：包含矩形、圆形、自由多边形等。

（14）魔术棒选取工具：选择设定范围内

图 4-26　　　　　　　　　图 4-27

的颜色值。

（15）移动图层：对材质层进行位置移动。

（16）变换工具：针对图层上的图像可以调整大小、位置、角度。

（17）笔刷工具：常用的绘制工具，可以设置笔触及使用纹理绘制。

（18）涂抹工具：修改类工具，包含涂抹、减淡、加深、克隆等工具。

（19）橡皮工具：擦去不需要的贴图部分。

（20）吸管工具：在单一或多层贴图层上吸取颜色。

（21）填充工具：包含渐变等工具。

（22）轮廓工具：包含直线、圆形等工具。

（23）编辑选择蒙板：有选择地进行区域修改，配合区域选择工具使用。

（24）活动通道：显示前、后背景颜色。

（四）快捷键的设置

作为一个经常使用软件的艺术家来说，快捷键的使用是必需的。根据 Photoshop 里的常用快捷键，我们可以对 BodyPaint 3D 的快捷键进行相应的设置。这里以橡皮工具为例，打开主菜单窗口，选择布局会弹出命令管理器，在如图 4-28 所示的"名称过滤"栏输入"橡皮"，结果如图 4-29 左图所示，我们发现下面的显示区里显示橡皮工具没有相应的快捷键，这时可用鼠标点击"快捷键"栏后的输入框，然后按键盘上 E 键，再点击指定按钮，这时会弹出一个对话框，图 4-29 右图显示 E 这个快捷键已

经被其他工具或命令使用了，我们选择"是"将会删除之前的设置，启用现在的设置。如果想查看某个快捷键是否被其他工具或命令使用，在"快捷键过滤"栏里按键盘上相应的快捷键即可。如果想清除过滤，点击"×"即可。其他常用工具、命令及操作技巧将在实例绘制中进行讲解。

图 4-28

图 4-29

第四节 / 皮肤贴图

一、皮肤材质的特点

为了便于大家理解，笔者绘制了一个皮肤的材质球供大家参考，如图4-30所示。此图画得稍微夸张了一些，目的是让大家能更好地理解皮肤的通透性，一般情况下较为适合女性皮肤，男性皮肤通透性要弱一些，怪兽的皮肤通透性一般会更弱，大家要根据实际情况做相应调整。

从图中可以看出皮肤材质具有透光性（专业术语叫作次表面散射，在渲染中常简称SSS），且具有一定的高光和反射，因为皮肤分泌油脂，故在光线下会产生高光和反射。在自然或柔和的光线下，皮肤的高光较弱；在强烈的光线下，皮肤的高光就显得较亮。

色彩方面，以亚洲人为例，皮肤以黄色为主，由于皮下血管等，使皮肤呈现一些黄红色，特别是在明暗交界线的位置，颜色纯度较高，红色比重较大，往亮部走，颜色越来越黄，纯度越来越低。如果亮部所受光线偏冷，那么皮肤暗部可适当偏暖，反之亦然。这里的规律适合大部分情况。

为了能让画面色彩更为丰富，形体更为厚重，变化且有规律的灰色在画面中的运用是必不可少的，几乎占满整个画面，建议读者多学习油画，特别是欧洲文艺复兴时期的各位大师的作品，从他们的作品中吸取营养。图4-31是彼得·保罗·鲁本斯的作品，从细节图中我们可以看出，该图的画面

图4-30

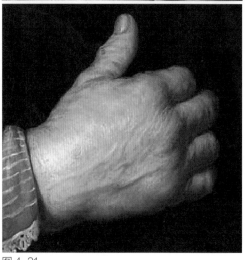

图4-31

色彩非常丰富，且色彩纯度几乎都在50%以下，最高纯度大致在40%左右，大部分色彩纯度是在20%~35%，可谓是灰色佳作。作为手绘贴图来说，一定要像油画作品那样表现出物体的层次感和厚重感。

最后提醒读者，因为画贴图时给角色或者场景虚拟的灯光是较为柔和的，因此在收集素材的时候尽量找光线较柔的，才更具有参考价值，如图4-32所示。

二、绘制皮肤的注意事项

要想绘制出漂亮的皮肤，除了绘制出透光性及基本的色彩外，更重要的是还要有真实可信的细节。如果一个角色身上的贴图全是光溜溜的（唯美的女性角色以及卡通、Q版的除外），那么看上去就显得假，特别是CG这样的虚拟角色，故此，我们就要知道什么是细节。

如图4-33所示，是一组Photoshop软件磨皮操作前后的对比图，美图前照片里的人物脸上能清晰地看见毛孔、青春痘、皱纹、斑点等，美图后的人物脸上很光滑、很水嫩，这是修图需要达到的效果。一般来说女性皮肤在绘制的时候追求完美，可尽量参考磨皮后的效果，重点将眼睛、嘴巴、鼻子等五官的细节好好刻画。皮肤的其他细节可以不要太明显，含蓄一点，男性皮肤细节可以强化一点，怪兽皮肤细节可以夸张一点，尽量使皮肤上有毛孔、皱纹、斑点等细节，让画面更丰富。一切以适度为美。

图4-32

图4-33

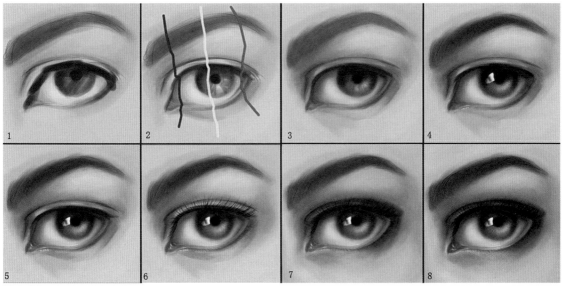

图4-34

三、五官绘制

（一）眼睛

眼睛是角色心灵的窗户，能传达一个角色的内心世界，因此在角色贴图绘制中，眼睛的绘制就显得尤为重要，眼睛的绘制需要注意以下四点（图4-34）：

（1）眼球是球形，从正面看的时候应该表现出球形应有的弧形，注意看红黄蓝三根线的起伏走势。

（2）上眼睑和下眼睑要有一定厚度，上眼睑由于光线的原因会在眼球上产生阴影，这是能否表现出眼睛深邃感的关键。

（3）眼球由于有润滑液会产生高光，这是眼睛是否有神的关键。

（4）睫毛也是至关重要的，特别是女性角色，不过在游戏角色制作时一般会为女性角色单独做出睫毛的模型，然后给带 Alpha 通道的睫毛贴图。

（二）嘴巴

嘴巴是角色的情绪反应器，能传达一个角色的内心情绪，因此在角色贴图绘制中，嘴巴的绘制也显得尤为重要，嘴巴的绘制需要注意以下四点（图4-35）：

（1）嘴唇的中缝线有"一波三折"之说，换句话说就是不能是一条直线，应该有一定的起伏。

（2）嘴角的结构一般会往里收，才能突出嘴巴的性感。

（3）上下嘴唇会产生高光，这是嘴唇能否有质感和性感的关键。

（4）唇线要有虚实变化，和皮肤交界的地方要稍微亮一些。

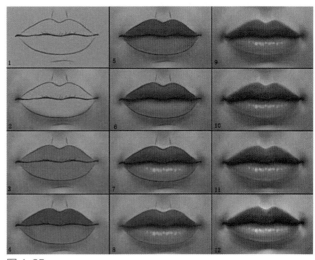

图4-35

（三）耳朵

耳朵作为一个位置相对靠后的器官，在角色的五官中显得没那么突出，再加之经常会被头发、头盔、帽子等物体遮挡，因此有很多角色贴图在耳朵的处理上都草草了事，但作为学习，我们也有必要认真研究耳朵的形状和结构，绘制出漂亮且逼真的耳朵。耳朵的绘制需要注意以下两点（图4-36）：

（1）耳朵的结构是五官中最为复杂的，起伏也最大。

（2）耳朵是五官中透光性能最好的，根据光线方向，有时候需要画出透光性。

四、案例：女性头部贴图绘制

本案例使用 BodyPaint 3D 软件绘制。首先打开 BodyPaint 3D 绘画软件，再打开事先在三维软件里制作好的女性头部模型，格式为 .obj。如图4-37左图所示，这个文件包含一个头部模型和一对睫毛模型，为了能方便地绘制贴图，我们需要对这两组模型进行管理，将这两组模型分别放在不同的层浏览器里，可对层管理器进行显示、隐藏等操作。按下组合键 Shift+F4，会弹出层浏览器面板，如图4-37右图所示，在空白区域单击右键，会弹出浮动菜单，选择"新建图层"，这时会在浏览器里创建一个新层，可双击"图层"字样进行改名。选择相应的模型，然后在该层所在的区域点击右键，选择"添加对象到层"，这样所选择的的物体就被添加到该层里了。图示中的"S""V"分别代表孤立显示该层里的物体和显示或隐藏该层里的物体。这里我们将头部和睫毛分别放在不同的两个层里，最终如图4-37右图所示。这里暂时先把睫毛层隐藏。

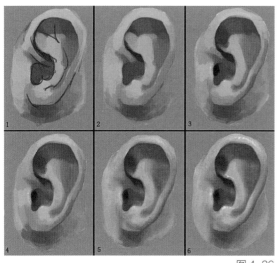

图4-36

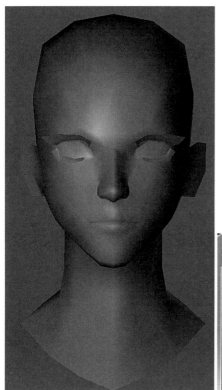

图4-37

首先点击绘画设置向导按钮，会弹出如图 4-38 所示的对话框，选择"对象"就会罗列出该文件里所有的模型，勾选就意味着该物体可以被绘制，反之则不能被绘制。选择"材质"，就会罗列出该文件里所有模型所使用的材质球（这取决于模型从三维软件里导出之前的材质球使用情况），勾选就意味着该材质球可以被绘制，反之则不能被绘制。一般情况下所有的

物体和所有的材质球都应该被绘制，所以可以任意选择，笔者习惯选择"材质"项。继续点击"下一步"。图 4-39 将默认的"重新计算 UV"勾选取消，因为我们在导出模型之前已经对 UV 做好了相应的编辑，这里不需要再计算编辑 UV。点击"下一步"，将默认的"自动映射大小插值"勾选取消，点击"完成"。至此，我们就可以在模型上绘制正确的贴图了。

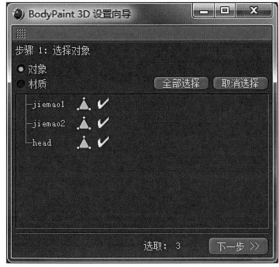

图 4-38

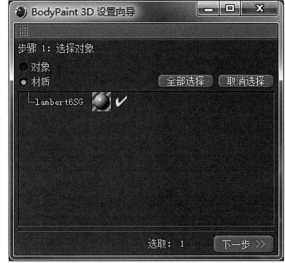

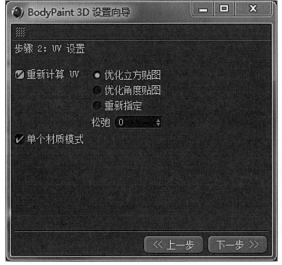

图 4-39

为了观察到真实的贴图信息，在视图的"显示"菜单里将显示模式设置为"常量着色"，快捷键是"N+E"，如图4-40所示。按F4键将视图切换到前视图，这样便于观察。选择画笔工具，如果按照前面的快捷键设置，将画笔工具快捷键设置为"B"，橡皮擦工具快捷键设置为"E"，那么就可直接按快捷键"B"。然后在右边的工具属性面板里选择"属性"选项卡，在蓝色区域点击，会弹出笔刷对话框，选择第

一个笔刷，再根据实际情况和个人喜好对笔刷的其他参数进行设置。

图4-41，选择"颜色"选项卡，选择一个合适的颜色，给模型整体上一个基本色。然后选择一个较深的颜色，给模型画暗部的颜色，再选择一个亮一些的颜色，给模型画亮部的颜色，整体调整画出头部的基本体积关系。注意亮部颜色纯度应该较低，暗部纯度可稍微高一点，目的是使皮肤有通透的感觉。这里值得注

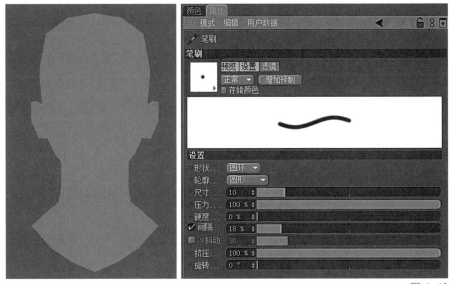

图4-40

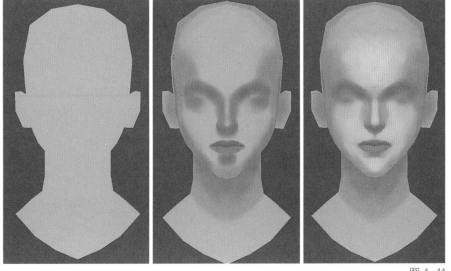

图4-41

意的是光线，我们在绘制贴图的时候要有两组虚拟的光源，如图 4-42 所示。这两组光源一般在模型的正斜上方和后斜上方，并且这两组光源都很柔和，就像照相馆里的柔光箱一样，照在物体表面会产生柔和的过渡。如头部的暗部一般都在眼眶、上眼睑底部、鼻底、上嘴唇、脖子等，亮部一般在额头、鼻梁、颧骨、下嘴唇、下巴等。

接下来绘制眼睛，首先绘制出眼球，中间亮一点，四周暗一点，以便使眼球有立体感，如图 4-43 所示。为了能更好地与模型匹配，我们可以在视图的"显示"菜单里将显示模式设置为"常量着色（线条）"，这样可以将模型表面的边显示出来，这两种显示方式应根据实际情况适时调整。然后再选择一个较深且偏红的颜色画出眼睑的轮廓和厚度。需要注意的是轮廓的虚实变化，外眼角可以实一些，内眼角和下眼睑可以虚一些。

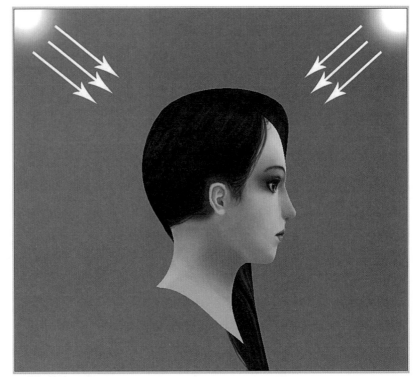

图 4-42

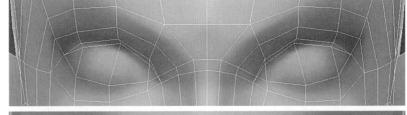

图 4-43

在此基础上，继续将瞳孔和上眼睑在眼球上产生的阴影画出来，同时将上下眼睑的体积关系也表现出来，可适当画一点眼影，增加画面的色彩感和体积感。同时对嘴唇做一些细化，让上嘴唇和下嘴唇的色彩有一定的变化，以强化体积关系，如图 4-44 所示。

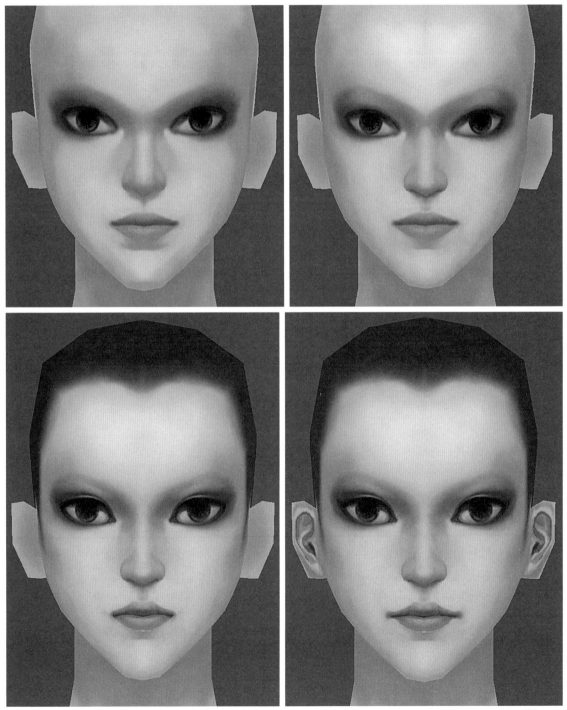

图 4-44

对眼睛继续深入刻画，注意上眼睑最高点的位置，以及双眼皮的体积，双眼皮分内双和外双两种（不清楚两者差别的读者请查阅相关资料），根据原画设定（这里也可根据个人喜好）绘制出漂亮的双眼皮。同时注意嘴巴的绘制，嘴角的位置决定了角色的情绪。同时绘制耳朵，参考前面的耳朵练习，如图 4-45 所示。

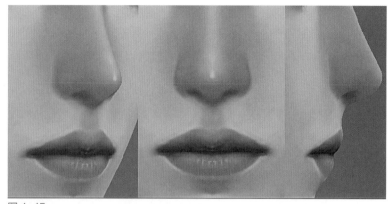

图 4-45

睫毛的绘制从颜色角度来说可以单一一点，黑灰色就行，重点是在透明通道上，上睫毛和下睫毛在长度上和角度上都有差别，上睫毛较长，特别是外眼角处的上睫毛更长，正常情况下睫毛比较疏散，如果涂有睫毛膏，看上去就会有聚集的感觉，一簇一簇的。还需要注意的是睫毛之间一般会有交叉，这样看起来更自然。同时要给眼睛绘制出高光，注意高光的形态和亮度，如图 4-46 所示。

最终的五官效果可参考图 4-47 所示，其中还包括一个男性头像。

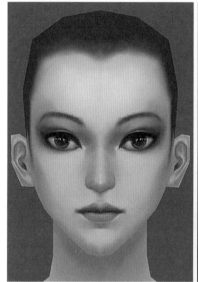

图 4-46

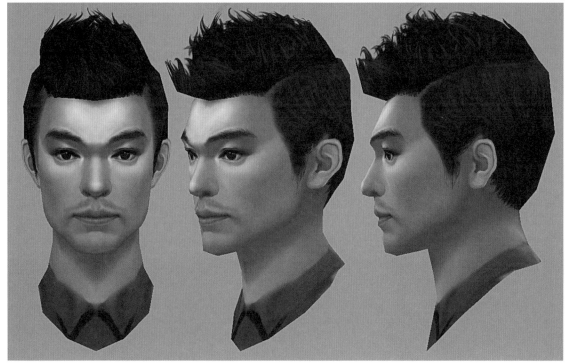

图 4-47

第五节 毛发贴图

一、毛发的特点

毛发是角色的一个显著特征，也是表现角色不可或缺的一个元素，毛发在 3D 世界里大致可分为 Hair 和 Fur 两类，Hair 一般指的是人类的长发，Fur 一般指的是动物的短毛或绒毛和相关的制成品表面的毛发。毛发由于分泌油脂，表面在光线影响下，也会产生高光，如图 4-48 所示。

二、绘制毛发的注意事项

在绘制毛发的时候，我们切记不要一根发丝一根发丝地去画，应该一组一组地画，从整体入手，最后再用细笔画出部分发丝，以便增加细节。我们可以从图 4-48 看出，不管是长发

图 4-48

还是短发，不管是人的头发还是动物的毛发，要想有厚重感、立体感，就得画出毛发的前后关系和上下关系，只有把毛发理解为组，才可以画出前后关系，同时还得注意的是毛发均有一定的走势，特别是图 4-49 下图动物身上的短毛，图 4-49 上图为神魔大陆女性角色发型。

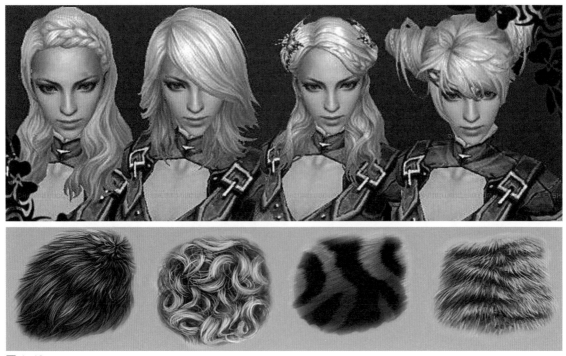

图 4-49

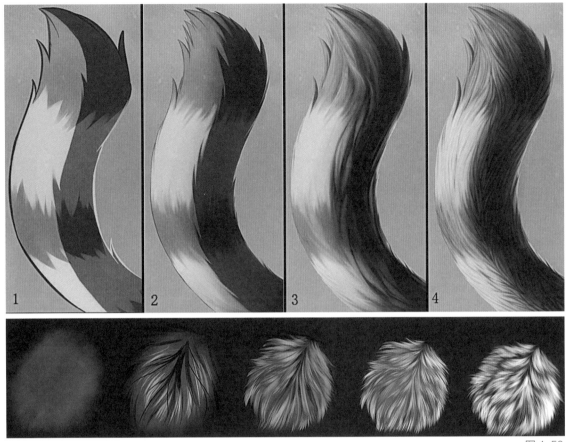

图 4-50

图 4-50 是原画中绘制动物毛发的几种技巧与步骤，值得学习与借鉴。

三、案例：女性头发绘制

本案例使用 BodyPaint 3D 软件绘制。将模型导入软件中，做好所有的准备工作。选择相应的颜色绘制出头发基本的体积关系，本案例头发的颜色不是亚洲人特有的黑头发，而是偏红一点的头发，色彩选取时可多参考现实中的发型及色彩，如图4-51 所示。

在 3D 空间绘制头发有一个关键点，那就是透明通道，否则我们最后在游戏引擎里看到的头发将是一块硬硬的东西，没有那种参差不齐的边缘和发丝的感觉。建议大家在绘制头发细节之前先将头发的外

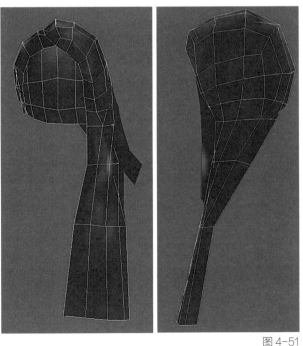

图 4-51

轮廓用透明通道的形式画出来，具体操作方法是：在图层编辑器里在已有的图层上点击右键，再在弹出的浮动菜单里选择"纹理—新建 Alpha 通道"，如图 4-52 所示。

选择 Alpha 通道，用画笔在该层上进行绘制，其中白色代表显示，黑色代表不显示，灰色代表半透明。由于在 BodyPaint 3D 里不能完全正确显示透明通道，但会在透明处显示棋盘格，如图 4-53 左图所示，因此要随时切换到三维软件里以便观察。图 4-53 所示左图为 BodyPaint 3D 里的显示，中图为三维软件里的显示效果，右图为三维软件里其他物体同时显示的效果。

进一步细化头发的轮廓和体积。值得注意的是在画透明通道的时候，绝大多数人喜欢用"减法"，就是说在一整片头发的基础上将不需要的部分去除后，得到头发最后的形状，但这样很难控制头发边缘的形状及自然度。这时候可考虑用"加法"，就是说在一片完全透明的头发基础上，按照头发该有的形状画出通道，

图 4-52

可控性比"减法"要高很多，可多加练习以便掌握这种技巧。

由于头发这类贴图经常会有很多蜷曲、波浪等形状，在三维空间中绘制起来可能有时会不方便，这时可以将绘制模式转成像在 Photoshop

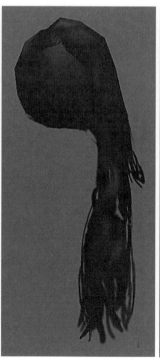

图 4-53

里一样的平面绘制模式。具体操作是选择"视图"旁边的"纹理"，切换到平面绘制面板，如图 4-54 所示。在"网孔"菜单下选择"显示 UV 网孔"，这样就能将模型的 UV 显示出来，方便定位和参考。

　　在绘制头发的时候一定要将头发分成不同的组，组与组之间有上下的层次关系和穿插关系，这是头发是否有体积感的关键，如图 4-55 所示。先用较深的颜色画出体积关系，最后再用较纯且亮

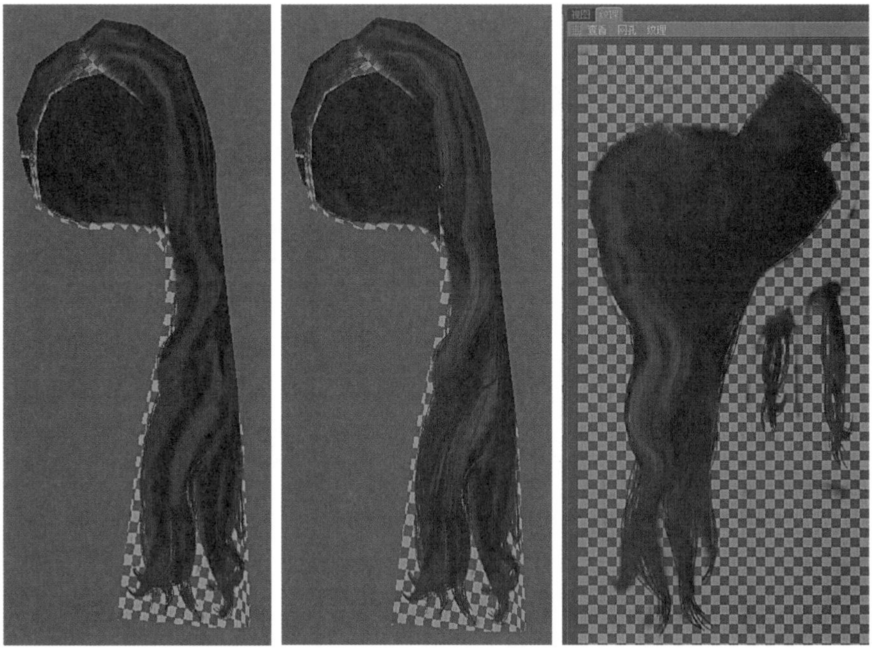

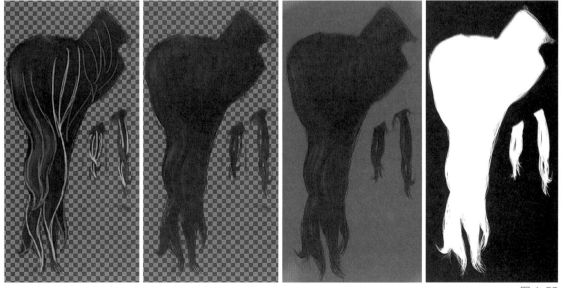

图 4-54

图 4-55

的颜色画出高光,这样头发的质感就能轻易地表现出来,如图 4-56 所示。

需要注意的是头发边缘的地方在 Alpha 通道绘制时应该表现出发丝的感觉,这样才能让头发生动自然,如图 4-57 所示。

图 4-56

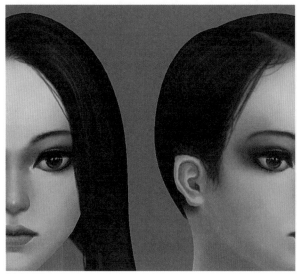

图 4-57

第六节 金属贴图

一、金属材质的特点

金属类材质在游戏贴图里是必不可少的一类材质，主要用在铠甲、兵器等装备上，这也是本书重点讲解的一类材质。游戏贴图里的金属主要以铁为主，其特点主要表现为厚重，部分具有高光和高反光的效果。要想画好金属类材质，除了要有金属固有的表面纹理及反射特性外，还离不开色彩的变化，比如金、银、铜、铁等所呈现出的效果都是不一样的，图 4-58 左图为缺少细节的金属效果，右图为有较为丰富细节的金属效果。

图 4-58

金属类材质从表面肌理可以分为光滑类和粗糙类。光滑类主要以不锈钢以及金、银、铜等金属制成的物体为主，特点是高光和反光都较强，吸光性能较好；粗糙类主要以生铁制成的物体为主，特点是高光和反光都较弱，表面有不规则的凹凸或斑点等。

注意：当所有金属制品表面被氧化后，均会变成粗糙类，如图 4-59 左中右三组图所示。

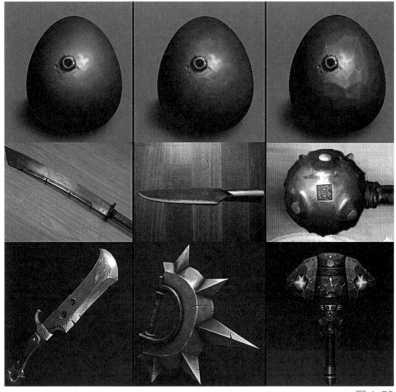

图 4-59

第一组为光滑类金属材质，一般用在匕首、剑、刀等兵器上，寒光可见，给人阴冷的感觉。

第二组为粗糙类金属材质，一般用在刀、斧等兵器上，表面有不规则的小凹凸。

第三组为粗钝类金属材质，看上去像刚被打造出来，未经打磨。一般用在斧、锤等大型兵器上，给人以粗犷、厚重的感觉，《魔兽世界》中的大部分兵器就是这一类。

金属类材质从色彩变化而言，分为冷色类和暖色类，我们以铠甲为例，讲解不同冷暖色彩的金属色彩的变化。

如图 4-60 左中右三组图所示：

第一组为暖色调，我们可以参考真实铜钱的色彩变化。

第二组为冷色调，反光较强，暗部可以偏暖一点，这样色彩对比会更强，更能体现金属质感。

第三组为冷色调，反光较弱，我们可以参考银元的色彩变化。

有了以上的基础知识，我们在真正动手画贴图的时候还必须找参考资料，绝大部分行家在作画的时候都要收集很多很多的资料，何况是初学者，因此，搜集素材是十分重要的准备工作。当准备工作做好后，我们还得对素材进行分析，这样才能真正进入贴图绘制阶段。只有有了一定的理论知识作为指导，才能在以后的绘制过程中变化自如。

图 4-61 是一个金质的铠甲，左图是真实拍摄的素材，右图是在 Photoshop 软件里使用滤镜—艺术效果—调色刀之后的效果（下同），目的在于抛开细微色彩，便于我们对色彩进行分析。通过在 Photoshop 里用吸管工具吸色，我们发现，从高光到亮灰色，再到明暗交界线，再到暗灰色，再到反光，色彩从冷慢慢地越变越暖。暗部由于受周围红色披风的影响，色彩偏红。高光最亮处一般可以是偏蓝色或绿色等亮色。

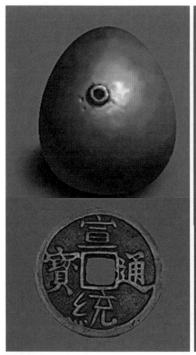

图 4-60

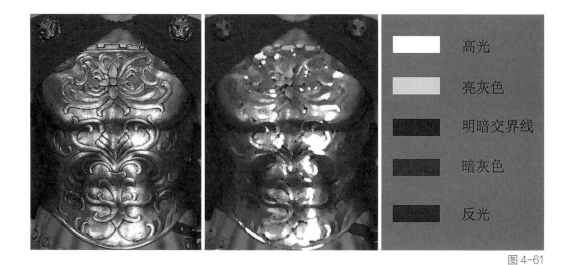

图 4-61

图 4-62 是一个银质的茶壶，我们能看出它本身是偏黄红一点的亮灰色，由于背景是蓝灰色，所以从亮部到暗部，色彩从黄到蓝，由暖变冷。

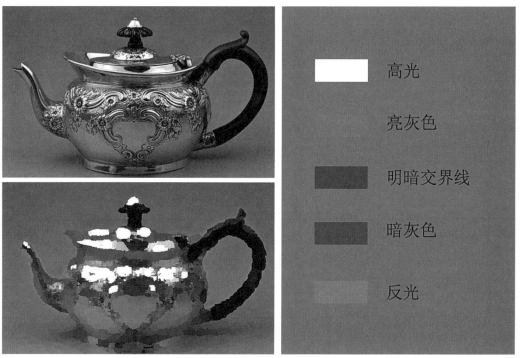

图 4-62

图 4-63 是一个黄铜的花瓶，表面较为光滑，由于氧化原因，部分地方出现了红铜的感觉。图 4-64 是一个生铁的茶壶，表面较为粗糙，整个壶身为蓝灰色，但是在突出的地方，由于长时间与外界物体摩擦，使这些地方出现了暖色，这是值得注意的，也是我们在以后绘制贴图时需增加色彩感的关键点。

图 4-63

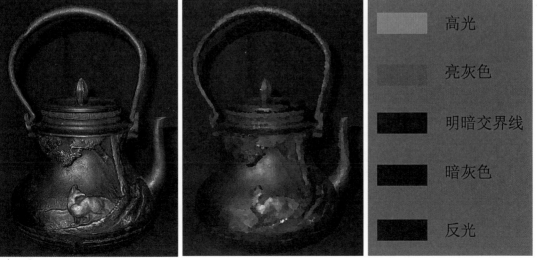

图 4-64

二、金属贴图绘制的注意事项

金属贴图在绘制的时候要注意不能表现得太新，应该要注意其"使用记录"，换句话说就是应该要表现出风吹雨打、日晒雨淋、刀削斧砍的战斗经历，在游戏里使用的贴图尽量要"做旧"，那样才会显得有真实感和实用感。图4-65是一个将军头盔的绘制步骤，图中能看出其战斗痕迹。

三、案例：斧头贴图绘制

本案例使用 Photoshop 绘制。首先使用 UVLayout 软件将斧头的 UV 拆分好，然后导出，再导入 Photoshop，将该图层命名为"UV"。如图 4-66 左图所示。

使用魔术棒工具在"UV"图层的 UV 之外的任何黑色区域点击鼠标左键，就会选中 UV 之外的所有区域，然后点击鼠标右键反选，再新建一个图层并命名为"选区"，选取一个鲜艳一点的颜色在"选区"图层上填充，如图 4-66 右图所示。目的在于使后面的操作能方便选择任一一块 UV 的选区。

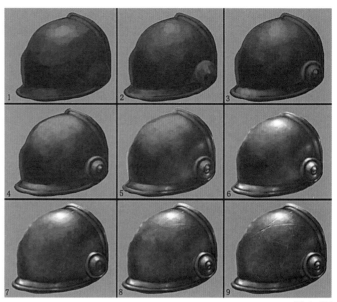

图 4-65

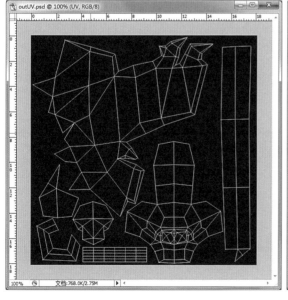 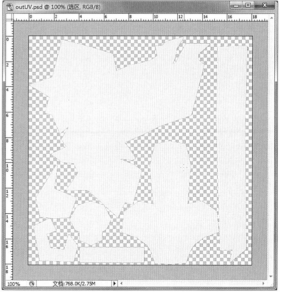

图 4-66

用较为单一的色彩将 UV 块都填充上相应的固有色，并画出最基本的明暗关系。然后在此基础上画出物体的基本形体结构和转折，此时应注意色彩的冷暖关系。特别是铁质部分的色彩，更应表现好其冷暖关系，同时色彩要尽量灰，不要太纯，否则就没有厚重感。建议在绘制的时候可加入物体固有色的补色，那样可以使画面色彩统一且丰富。用笔要大胆，要注意块面感，这样才能表现出粗狂厚重感，如图 4-67 所示。

继续深入刻画，画出物体的形体结构与转折，同时注意色彩变化，尽量用色彩来造型，用笔大胆、肯定，斧头上红色的块状金属要注意色彩变化，不要每一块色彩都一样，如图 4-68 所示。

该案例非常值得注意的地方是斧头后面的棋盘格，该棋盘格要随着形体的起伏而发生变

图 4-67

图 4-68

化。绘制时可以使用一张正常的棋盘格图片，然后随着形体的起伏将黑色格子和白色格子的边沿和大小做相应的变化，黑白格子的边沿一般会扭曲，如图 4-69 所示。

所有形体结构、体积及质感都表现得差不多的时候，就需要做最后一步提升品质的工作，那就是在武器装备等物体上增加生活气息，生活气息主要指的是破损、刮痕等细节，以及质感的最终表现元素——高光。高光的绘制需要注意色彩，一般冷色金属的高光会偏蓝，暖色金属的高光会偏黄，而最中心的高光则仍然会偏蓝。最终效果可参考图 4-70，在三维软件里的显示效果可参考图 4-71。

图 4-69

图 4-70

图 4-71

第七节 布料贴图

一、布料的特点

布料材质在游戏贴图里也是一种常见的材质，一般布料具有能拉伸、易产生褶皱、表面有高光等特性，不同材质的布料，表现出来的外表特性也不一样，如图4-72所示。

我们将不同材质面料的造型特点以及在服装设计中的运用简单介绍如下，如图4-73所示。

图4-72

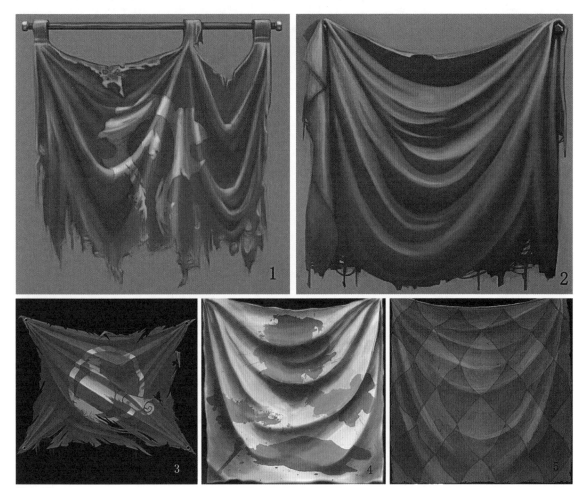

图4-73

（一）柔软型面料

柔软型面料一般较为轻薄、悬垂感好，造型线条光滑，服装轮廓自然舒展。柔软型面料主要包括织物结构疏散的针织面料、丝绸面料以及软薄的麻纱面料等。柔软的针织面料在服装设计中常采用直线型简练造型来体现人体的优美曲线；丝绸、麻纱等面料则多见松散型和有褶裥效果的造型，以表现面料线条的流动感。

（二）挺爽型面料

挺爽型面料线条清晰有体量感，能形成丰满的服装轮廓，常见的有棉布、涤棉布、灯芯绒、亚麻布、各种中厚型的毛料以及化纤织物等，该类面料可很好地突出服装造型精确性的设计，例如西服、套装等的设计。

（三）光泽型面料

光泽型面料表面光滑并能反射出亮光，有熠熠生辉之感。这类面料包括缎纹结构的织物，最常用于晚礼服或舞台表演服中，可产生一种华丽耀眼的强烈视觉效果。光泽型面料在礼服的表演中造型自由度很广，可有简洁的或较为

夸张的造型方式。

（四）厚重型面料

厚重型面料厚实挺拔，能产生稳定的造型效果，包括各类厚型呢绒、绗缝织物等。其面料具有形体扩张感，不宜过多采用褶裥和堆积，设计中以 A 型和 H 型造型最为恰当。

（五）透明型面料

透明型面料质地轻薄而通透，具有优雅而神秘的艺术效果，包括棉、丝、化纤织物等，例如乔其纱、缎条绢、化纤的蕾丝等。为了表达面料的透明度，常用线条自然丰满、富于变化的 H 型和圆台型设计造型。

二、布料贴图绘制的注意事项

布料由于其特殊的特性，会产生布纹和褶皱，而布纹和褶皱又不能随意捏造，所以在游戏贴图里，绘制布料重点在于褶皱，只要褶皱的产生符合该面料的特性，那么就能令人信服，图 4-74 较好地展示了不同布料的褶皱效果。作为褶皱的产生，肯定是由于某些外力的影响从

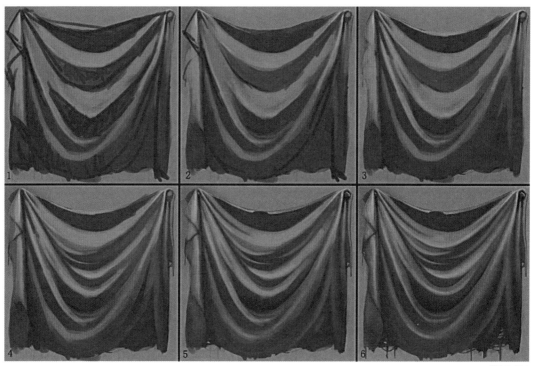

图 4-74

而导致布料发生变形，而最终得到一个形状。对于布料的褶皱，其他基础绘画教学里已经有了很多的分析讲解，作为学原画的同学或原画从业者，笔者建议一定要去深入研究，比如肢体扭转带来的线条变化，外界物体和衣服的碰撞带来的线条变化等，这样才能设计出完美且令人信服的画面。但作为游戏贴图绘制来说，没必要研究那么深入，因为在游戏贴图里布料所用到的地方不外乎就是衣服、裤子、头巾、围巾、披风、遮羞布（一般是角色裤裆前的那一块下垂的布）、帐篷、窗帘等，并且都是模拟的静止状态下的形状，因此不需要去考虑肢体扭转、外物碰撞等因素，只需要考虑自然静止状态下的挤压（常见于衣领、衣袖、衣缝线等的挤压）、拉伸（手臂抬起时在腋窝处产生的拉力，两腿分开时在裆部产生的拉力）等。如图4-74是一块布的褶皱绘制步骤。

三、案例：围巾贴图绘制

本案例使用BodyPaint 3D软件绘制。将模型导入软件，做好所有的准备工作。本案例是一条色彩较为鲜艳的围巾，整个色调都是高亮

鲜的，很多地方色彩都比较纯，因此在绘制基本色的时候应该选择纯度较高的橘红色，然后选择较深且偏冷一点的颜色绘制出围巾的大体形状和明暗关系，同时绘制出Alpha通道。在色彩使用上可以考虑用一些补色，以增加画面色彩丰富度和协调度。在绘制围巾边沿的时候一定要注意自然下垂所产生的褶皱和外形，不能随意捏造，应该有一定的科学性和逻辑性，如图4-75所示。

继续深入刻画，将略带绸质的围巾质感进行强化，如图4-76所示。

图4-75

图4-76

在大体形体、体积、质感都绘制完成后，为了增加画面的细节度，可以为围巾的两端边沿增加一些网状镂空的细节，具体操作是在 Alpha 通道里进行绘制。如图 4-77 所示，左图是在 BodyPaint 3D 软件里的显示，右图是在三维软件里的显示。

最后是整体调整处理，图 4-78 是在三维软件里各个角度的显示。

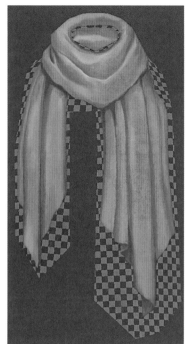

图 4-77

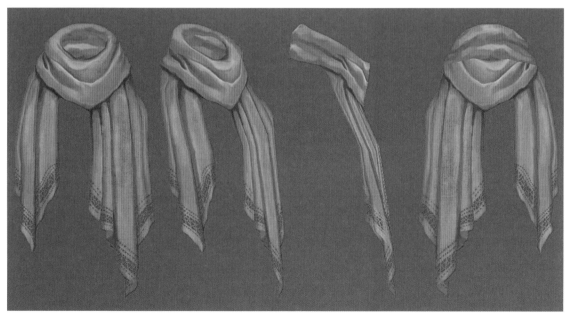

图 4-78

一、皮革材质的特点

皮革材质具有布料和金属的双重特性，既能像粗布那样产生褶皱，又能像金属那样产生高光，如图 4-79 所示。值得注意的是皮革的褶皱主要产生在外力对皮革表面挤压的地方，比如铆钉在皮革上产生的挤压、缝合线在皮革上产生的挤压等，高光会根据皮革的光滑度而有所不同，建议多找真实的皮革作为绘制的参考。有了前面布料和金属的绘制基础，现在绘制皮革就显得轻松自如了。皮革一般用于角色的衣服、裤子、靴子、护腕、护腿、腰带、背带、武器的装饰等，如图 4-80 所示。

图 4-79

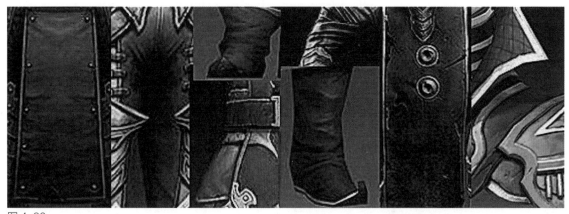

图 4-80

二、皮革贴图绘制的注意事项

皮革在绘制的时候要注意褶皱的产生位置和形状，不能随意捏造，同时还要注意其具有高光的特性，要根据不同的皮革质地画出不同的高光。

三、案例：女性手套贴图绘制

本案例使用 BodyPaint 3D 软件绘制。将模型导入软件，做好所有的准备工作。当然也可以打开配套光盘的模型，如图 4-81 所示。

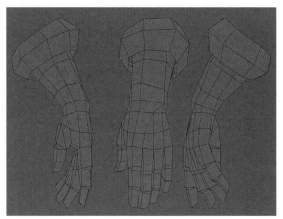

图 4-81

用较大的笔刷和大块的色彩给模型绘制基本的固有色和体积，注意明暗的变化，如图 4-82 所示。

使用如图 4-83 所示的笔刷，可绘制手套边沿的毛发。这个案例中毛发的质感是那种蓬松柔软的，值得注意的是毛发的体积，同样有明暗变化，如图 4-84 所示。

这个案例中皮质手套是软皮质感，这类皮质的一大特点就是容易产生褶皱，高光较强。因此绘制褶皱是表现该案例的一个重要元素，

建议大家多参考真实皮质手套，仔细分析褶皱的形状和位置，如图 4-85 所示。

手套还有一个特点就是由多块皮质拼缝而成，因此缝合线也是表现手套的一个重要元素，注意缝合线应该随着褶皱的起伏而发生相应的变化，如图 4-86 所示。

最后就是高光，高光的色彩可以偏蓝色，这样可使高光看上去更亮，同时将毛发的边沿通过 Alpha 通道表现出来，如图 4-87 所示。

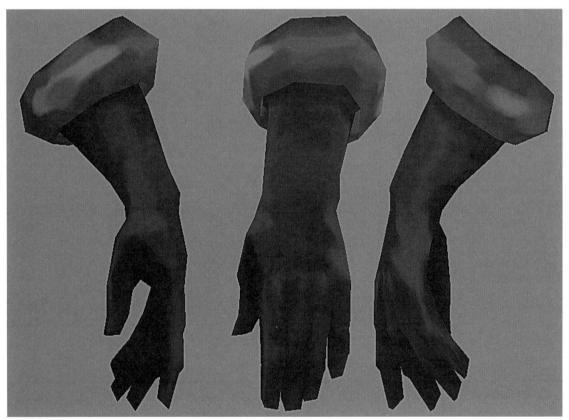

图 4-82

图 4-83

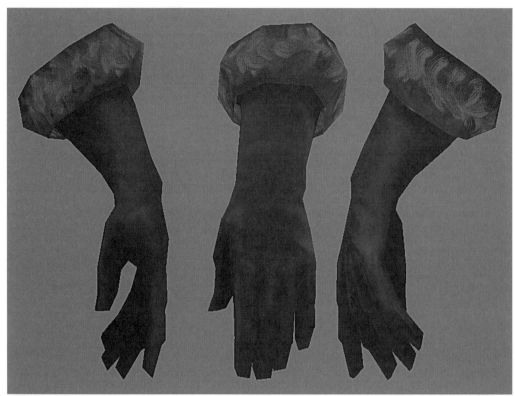

图 4-84

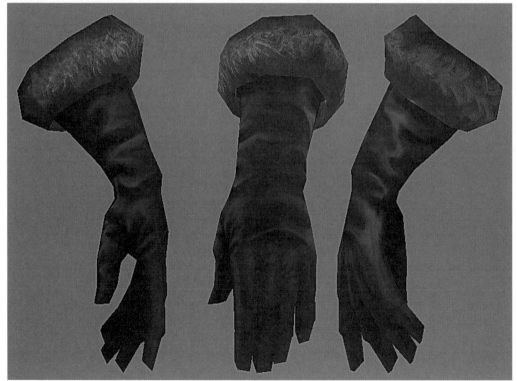

图 4-85

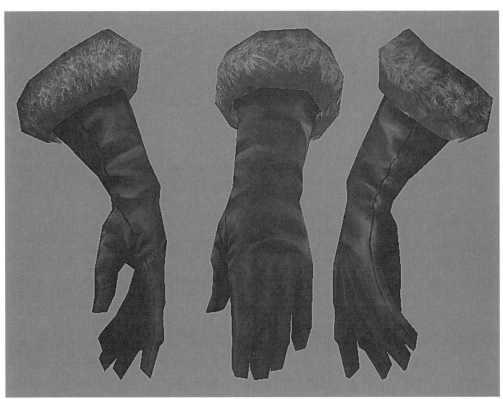

图 4-86

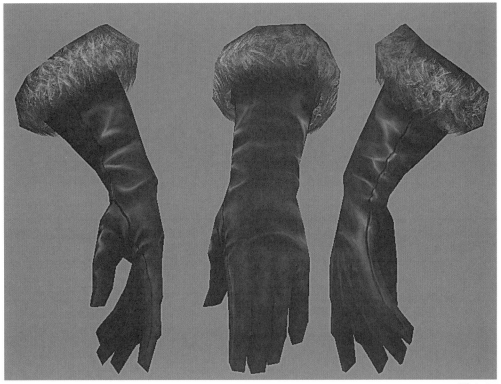

图 4-87

第九节 木头贴图

一、木头的特点

木头材质是游戏贴图里的一个重要组成部分，常用于制作树木、房屋、道具等。木头材质具有表面粗糙、有纹路、高光较弱等特点，

如图 4-88 所示。

二、木头贴图绘制的注意事项

木头贴图在绘制的时候一定要注意木纹的表现，木纹是表现木头材质的关键，如图 4-89 所示，原画中绘制木板的技巧与步骤，值得借鉴与学习。

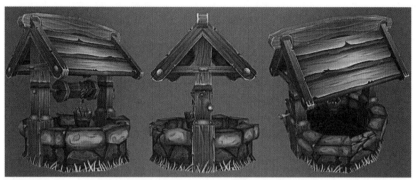

图 4-88

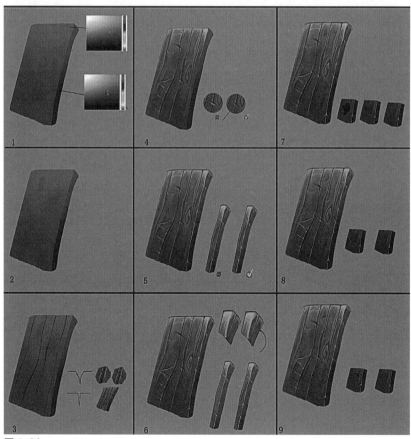

图 4-89

三、案例：木头桌子的绘制

本案例使用 BodyPaint 3D 软件绘制。将模型导入软件，做好所有的准备工作。

首先使用大笔触和大色块给模型绘制基本的固有色，该案例是偏红且颜色较深的木头。

在色彩绘制时可先用一些蓝紫色打底，再在上面绘制红、黄等色，如图 4-90 所示。

将色彩过渡绘制均匀，明暗变化自然，然后用较深的颜色绘制出木头的裂纹，如图 4-91 所示。

图 4-90

图 4-91

继续深入刻画，将裂纹和纹路区分开来，注意高光的变化，高光应该圆润一点、统一一点，如图 4-92 所示。

最后精细调整，将桌面和桌腿之间的色彩

变化和明暗变化处理到位，桌面应该亮一点，偏黄一点，桌腿应该暗一点，偏蓝紫一点，如图 4-93 所示。

图 4-92

图 4-93

第十节 砖石贴图

一、砖石的特点

砖石材质作为游戏场景的主打材质，占据了游戏的绝大部分画面，是场景的主要组成元素。砖石材质具有表面粗糙、转折处较为光滑、高光较弱（大致介于金属高光和木头高光之间）

等特点。一般用于墙体、基石、路面、道具等，如图 4-94 所示。

二、砖石贴图绘制的注意事项

砖石贴图绘制的时候一定要注意细节，石头千万不要画得很光，应该有破损、有坑洞，如图 4-95 所示，原画中绘制石头的技巧与步骤，值得借鉴与学习。

图 4-94

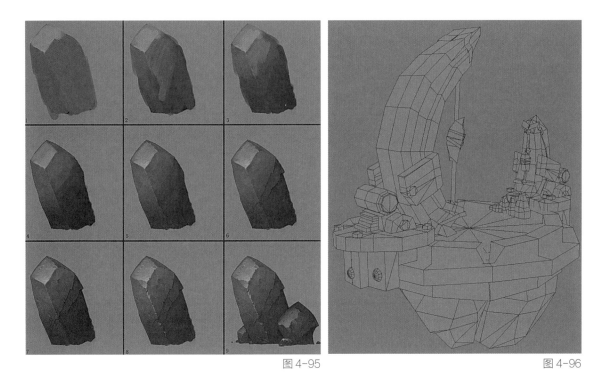

图 4-95　　　　　　　　　　　　　　　　　　　　　　　　　图 4-96

三、案例：场景制作

　　本案例使用 BodyPaint 3D 软件绘制。将模型导入软件，做好所有的准备工作，包括设置不同的显示层等工作，如图 4-96 所示。

用较大的笔触和大的色块给所有模型都绘制上基本的固有色，此时应该注意基本的明暗变化。比如被绳子拴着的晶石，理论上会发出光线，照亮周围的物体等，如图 4-97 所示。

在大色块的基础上继续深入，注意色彩的冷暖变化，以及物体间的色彩和明暗影响。就是说，物体和物体之间在交界或相近的地方会产生微弱的阴影，使物体之间具有空间感，如图 4-98 所示。

继续加强形体的塑造及质感的表现，石头材质和金属材质的差异是：金属的高光在形体转折的地方会更强、更锐利，石头的高光则相对要柔和一些，如图 4-99 所示。

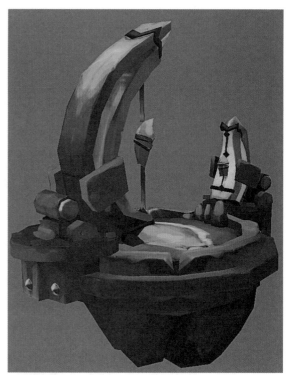

图 4-97

图 4-98

图 4-99

继续深入刻画，将画笔直径调小一点，硬度调大一点，仔细刻画，让色彩过渡更加自然，色彩的冷暖更加明显。整体的明暗变化更加自然合理，形体的体积感更强，如图 4-100 所示。

物体间的色彩影响如图 4-101 所示，黄色的金属块和蓝紫色的石头在离得很近的地方互相影响，黄色的金属块里会泛出蓝紫色，而蓝紫色的石头里则会泛出黄色，这样色彩既统一又丰富。

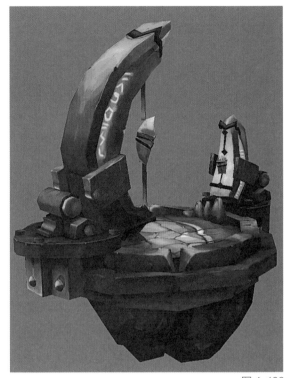

图 4-100

图 4-101

第十一节 | 晶体贴图

晶体包括水晶、宝石、玻璃、玛瑙、翡翠、琥珀等，主要用在武器或角色上作为装饰，有时也作为道具或特效的一部分。晶体一般透光性能好、高光强烈，有一定反射能力等，如图4-102所示。

图4-103是两组晶石的绘制步骤，注意高光的绘制是表现晶石质感的关键，高光可分为规则和不规则两种，应根据不同特性的晶石选择相应的高光。

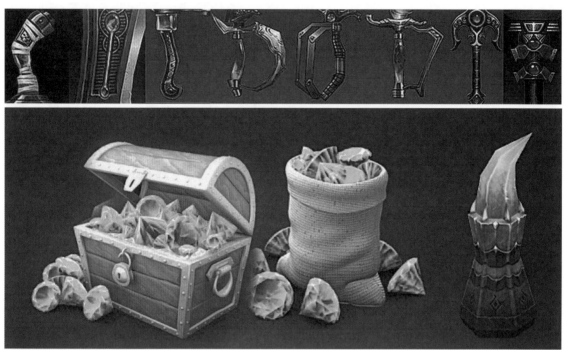

图4-102

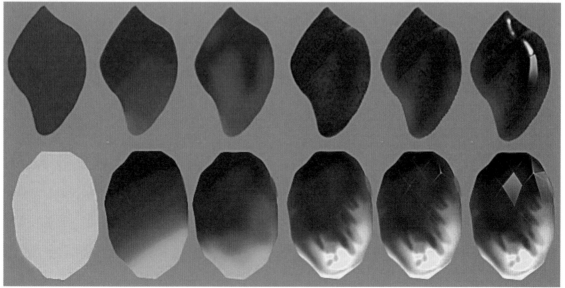

图4-103

第五章
综合案例制作

本章导读

　　本案例的基础模型制作方法和第二章中介绍的标准人物模型制作方法是一样的，帽子、眼镜、衣服等模型在制作的时候用的是"反向思维"制作法，整个案例的制作都可以理解为"套路"，以后在制作相关模型的时候都可以搬用"套路"，再做具体调整，从而快速做出想要的模型。

精彩看点

- 如何处理卡通角色脸部布线。
- 如何处理卡通角色纹理绘制。
- 如何形成"套路"。

第一节 对原画进行分析重构

　　本章综合案例最终效果如图 5-1 所示，其中上图为最终贴图效果，下图为模型及布线效果。

　　如图 5-2 所示，该原画是一个小飞行员，属于卡通风格，整体色彩较为统一，但也很容易在后期绘制贴图时使画面显得单调，因此，我们在绘制贴图时可以在整体色彩统一协调的前提下稍做一些主观性的变化。由于该原画分辨率较低，很多细节难以辨识，所以我们在绘制的时候可以主观地进行调整，使画面协调统一。依前文第二章第一节制作前的准备所讲，在模型制作的时候，最好是能依据透视图的原画，画出正视图和侧视图，以便把握比例。绘制的时候要考虑原画的视角和正侧视图的视角差，一般情况下透视图的原画视角都偏俯视，越靠下的形体透视越大，因此，手、脚等位置就要和透视图的原画里的手、脚位置不一样，要稍微往上一点。

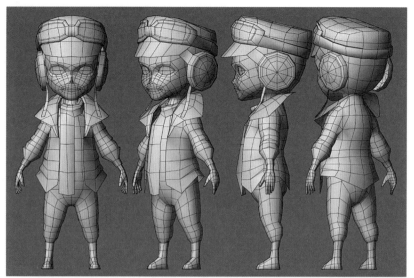

图 5-1

图 5-2

第二节 基础模型的制作

为了能让大家学会如何使用参考图，本案例把通过对原画重构后得到的正视图和侧视图导入三维软件里以便做参考。

在 Maya 里，可通过摄像机背景将参考图导入视图里，具体操作如下：在准备导入参考图的视图菜单里选择 View—Image Plane—Import image。在 3ds Max 里可在视图里创建一个面片，将面片的长宽比例设置成与参考图的长宽比例一致，然后将参考图以贴图的形式赋予面片，值得注意的是比例一定要一致，否则就会出现参考图被挤压或拉伸的情况。

具体制作方法和第二章第二节标准人体模型制作是一样的，具体制作步骤可参考图5-3 ~图5-6。

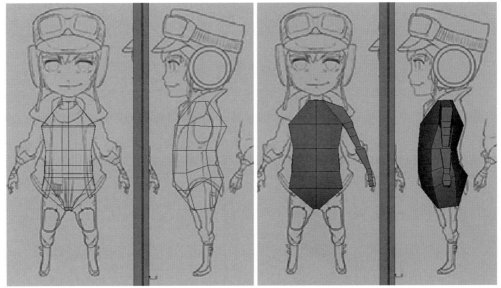

图 5-3

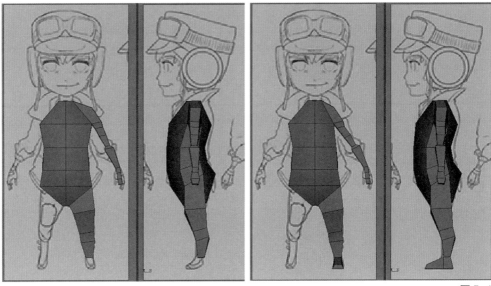

图 5-4

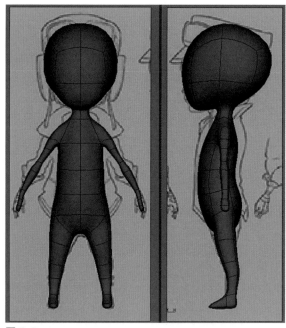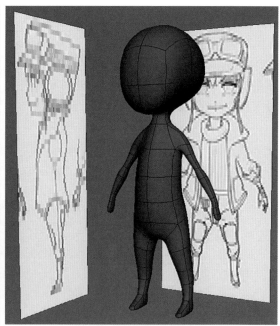

图 5-5

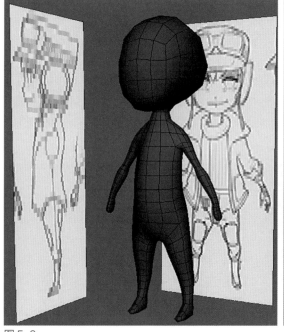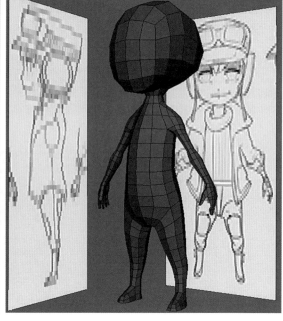

图 5-6

一、头部细节制作

分别在正视图和侧视图里选择如图 5-7 所示的两根红色线，调整形体，分别定义的是眼睛中缝线和嘴唇中缝线，在线较少的情况下，尽量让每组线都能用在结构上。

再使用加线工具从鼻底位置添加一条线并调整，使脸部结构更加饱满。至于在什么地方结束可根据实际情况而定，一般来说初期阶段

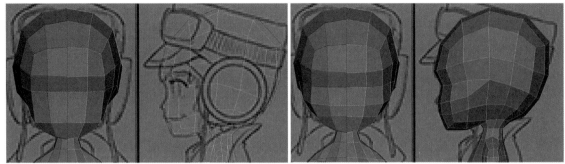

图 5-7　　　　　　　　　　　　　　　　　　　　　　　　　　　图 5-8

布线都不是一蹴而就的，都需要反复修改，因为后续的布线必定会打破之前的布线，我们要随机而变，如图5-8所示。

在调整形体的时候值得注意的是，从正视图看红色线条所在位置大致是蝶骨和颧骨交界的地方，应该往里收，红色面所在的位置大致是脸颊的位置，应该往外移，这样才能使脸颊饱满，特别是卡通及Q版角色，如图5-9所示。

使用加线工具添加如图5-10所示的一根线并调整形体，目的在于大致区分出下颚骨和周边的结构。

使用加线工具添加如图5-11所示的线条并调整形体，做出鼻子的大致形体。注意卡通角色的鼻子都比较小，这样才显得可爱。

使用加线工具添加如图5-12所示的线条并调整形体，定义出嘴唇的大致位置和形体。

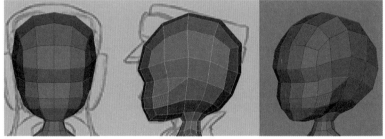

图 5-9

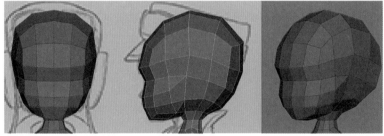

图 5-10

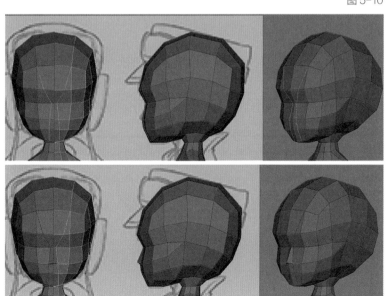

图 5-11

调整周边的布线，同时再添加一条线，和之前添加的嘴唇线形成"同心圆"，并调整形体，注意侧视图嘴部的形体起，如图 5-13 所示。

使用加线工具添加如图 5-14 所示的线条

并调整形体，目的在于让下巴的转折从侧视图看起来过渡比较自然，要使两个大面的转折自然，至少应该有 3 个面。

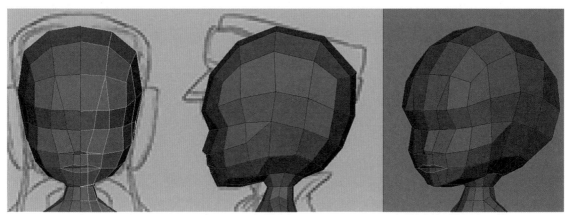

图 5-12

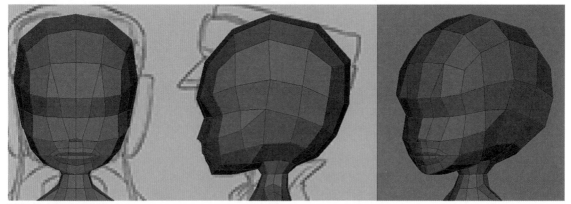

图 5-13

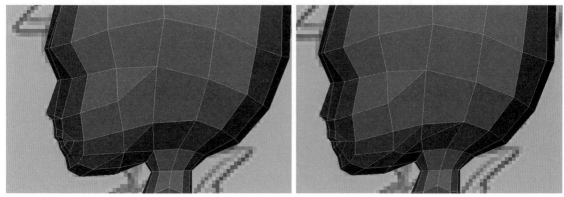

图 5-14

二、眼睛的制作

围着最初定义的眼睛中缝线，使用加线工具定义出上下眼睑的大致位置，并把眼睛中缝线所在的边往外拉，做出眼球的凸出感，根据项目具体要求，也可以单独做一个眼球，如图 5-15 所示。

使用加线工具按图 5-16 所示的线加出鼻翼提肌并调整形体。

使用加线工具按图 5-17 所示加一条线，目的在于调整颧骨和眼眶之间的转折面。

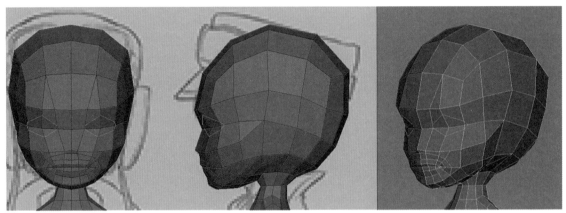

图 5-15

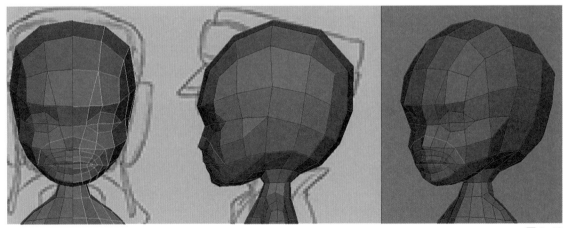

图 5-16

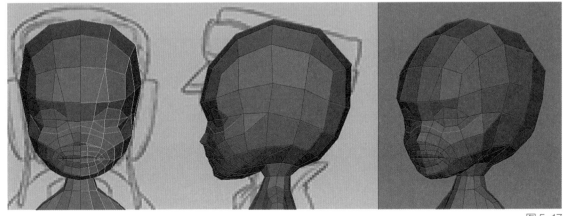

图 5-17

使用加线工具按图 5-18 ~图 5-21 所示的线进行添加调整。

最后添加图 5-21 所示的线，做出鼻梁的宽度。图 5-22 为头部最终效果。

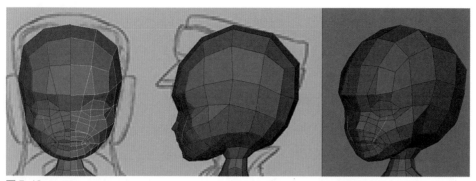

图 5-18

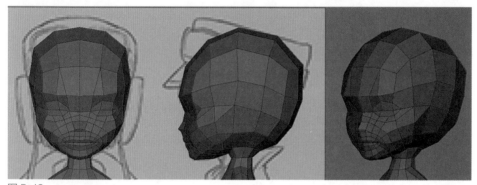

图 5-19

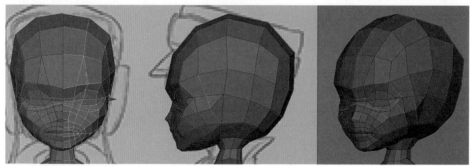

图 5-20

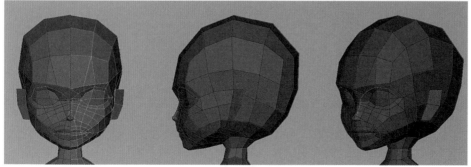

图 5-21

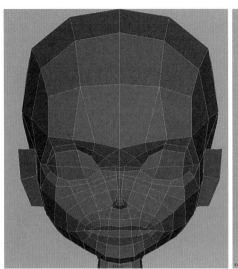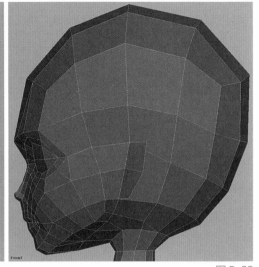

图 5-22

三、外套的制作

本案例制作的是一个假设能换装的角色，所以我们会将衣服从身体上单独脱离出来，不会连在一起。我们可以选择身体相关部分的面进行复制调整，从而得到想要的模型，如图 5-23、图 5-24 所示。

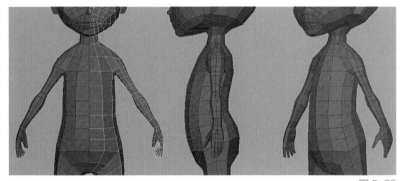

图 5-23

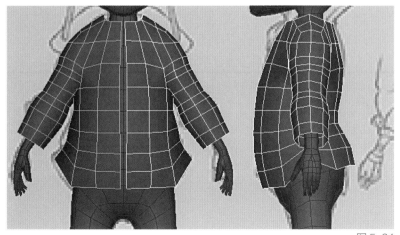

图 5-24

选择图 5-25 所示的面进行删除，再选择衣领处的边进行挤压调整，做出衣领，如图 5-26 ～ 图 5-28 所示。

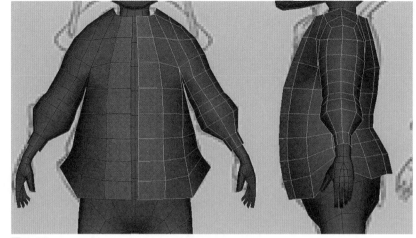

图 5-25

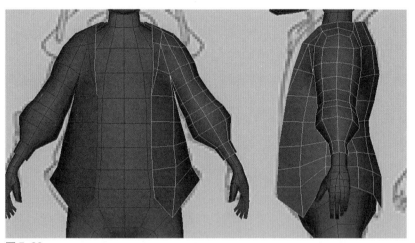

图 5-26

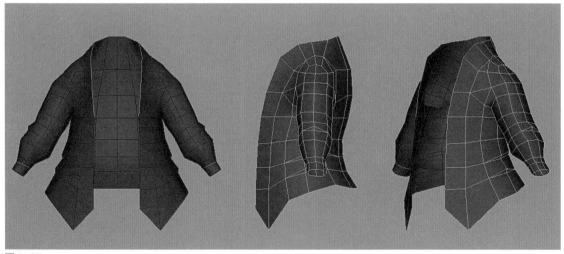

图 5-27

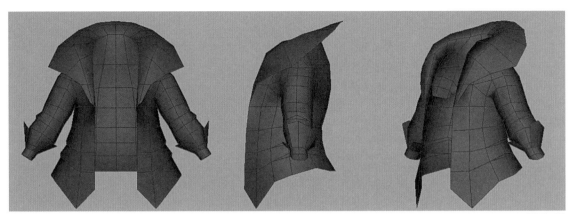

图 5-28

四、帽子的制作

用同样的思路及原理，创建一个立方体，如图 5-29 所示，调整位置及形体。图 5-30 为使用平滑工具之前的显示效果。图 5-31 为使用平滑工具之后的显示效果。

选择模型底部的面删除，并选择前面的边进行挤压调整，如图 5-32、图 5-33 所示。

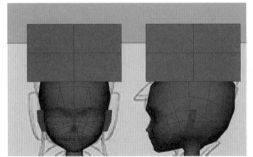

图 5-29

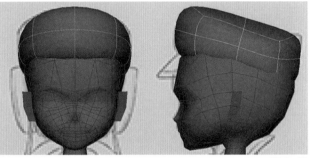

图 5-30

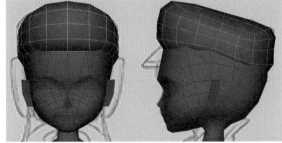

图 5-31

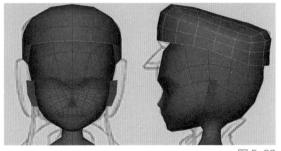

图 5-32

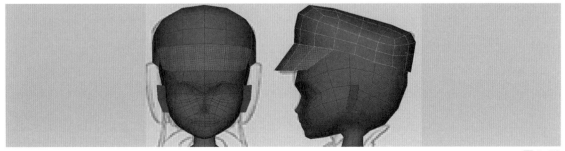

图 5-33

五、护目镜的制作

在帽子模型的基础上，选择如图 5-34 所示的面，复制并调整，最后挤压出厚度，根据实际项目要求，可对里层的面进行删除或保留。具体制作步骤可参考图 5-35 ~ 图 5-38。

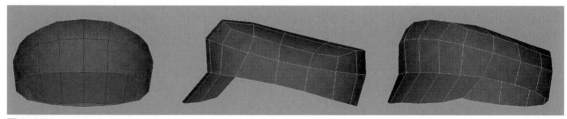

图 5-34

图 5-35

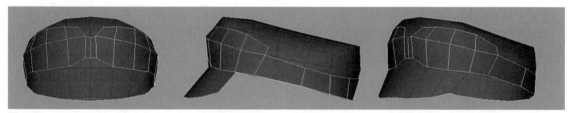

图 5-36

图 5-37

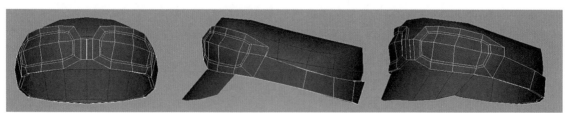

图 5-38

六、耳机的制作

创建一个圆柱体，对其进行简单的参数设置和调整，放在耳朵处，选择中心的面挤压调整，最后成型。具体操作步骤可参考图 5-39 ～图 5-42。

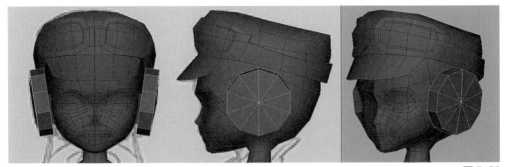

图 5-39

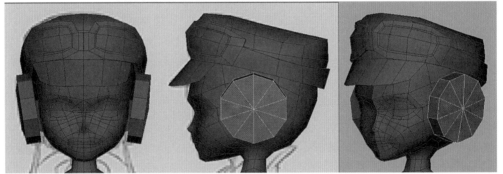

图 5-40

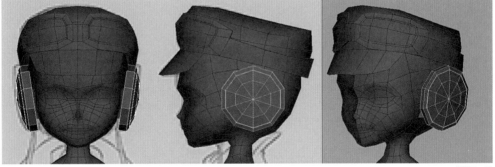

图 5-41

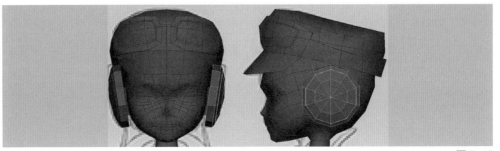

图 5-42

用类似的方法做出其他物件，注意各物体之间的比例关系，最后调整成如图 5-43 所示的效果图。

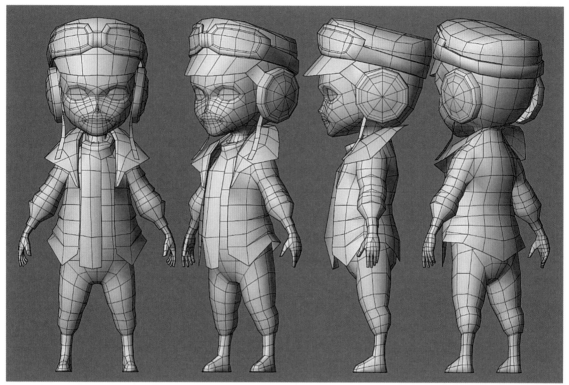

图 5-43

第三节 UV 的制作

在 UV "神器" UVLayout 软件里，按照项目要求，对模型进行 UV 拆分与排列，注意 UV 的排列要尽量使用 0 ~ 1 这个范围的 UV 框。由于其方法和步骤都一样，这里不再做详细的步骤讲解，具体使用请参考第三章第三节。图 5-44 为最后摆放效果图。

图 5-44

第四节 贴图的绘制

一、前期准备

大致步骤如下（图5-45）：

（1）将模型导入 Body Paint。

（2）给所有模型填充一个基本的固有色，塑造最基本的色彩关系。

（3）分别选择亮部色彩和暗部色彩对所有模型进行绘制，塑造出基本的体积关系和色彩关系。这一步特别要注意模拟灯光的位置及强度。

（4）单独对模型进行深入刻画。

（5）整体调整。

图5-45

二、帽子的绘制

由于该帽子的材质定义为布料，因此在细节绘制的时候就应多考虑布料的特性，比如褶皱等。像帽子这类的物体，褶皱主要是由于挤压产生的，比如帽檐、折缝线等产生的挤压。为了让帽子的颜色有所变化，这个案例最终效果将帽檐的色彩做了调整改变，如图5-46、图5-47所示。

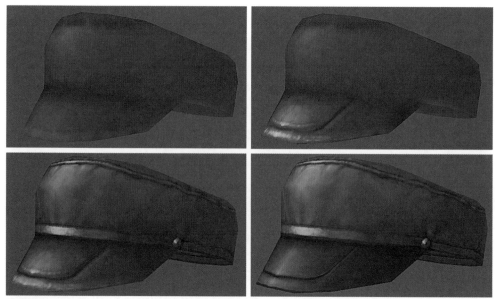

图 5-46

图 5-47

三、护目镜的绘制

护目镜以塑料材质为主，镜片则是具有反光特性的玻璃材质，所以在绘制时要多考虑这些因素，如图 5-48、图 5-49 所示。

四、耳机的绘制

耳机的材质是具有一定高光及反射的塑料材质。因此在绘制的时候要注意在中间凸出的地方所产生的各向异性（即从中心向四周散射的光线效果）的高光效果，如图 5-50、图 5-51 所示。

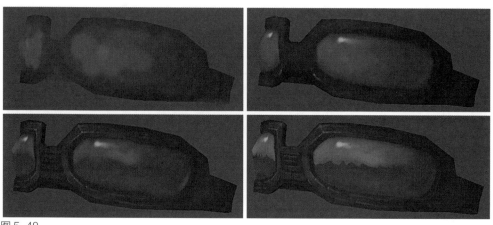

图 5-48

图 5-49

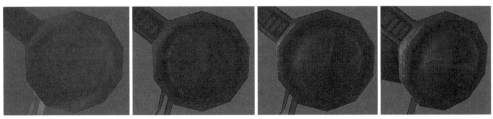

图 5-50

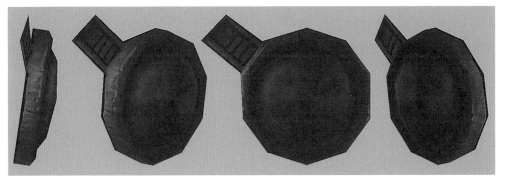

图 5-51

五、头部的绘制

头部的绘制重点是在五官，由于耳朵被耳机遮挡了，因此这个案例里没仔细讲解耳朵部位的绘制。值得注意的是卡通角色的五官和写实类角色的五官在造型和贴图处理上有一些不同，卡通角色的五官造型会更夸张，位置会更紧凑，比如眼睛会比较大；鼻子会比较小；嘴巴有时会比较小，有时会比较大；而眼睛一定要通透、明亮。如图 5-52、图 5-53 所示。

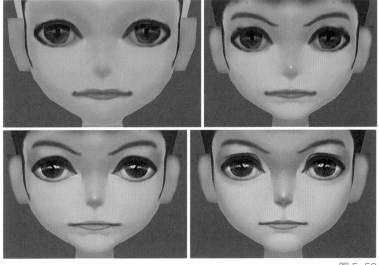

图 5-52

图 5-53

六、衣服的绘制

衣服材质是有一定高光及油腻,同时带点翻皮感觉的皮质,因此要考虑这类皮质的相关特性,可多找一点相关参考图。褶皱和衣纹是该衣服的难点,在衣袖上、腋窝处和手肘处是衣纹和褶皱产生的主要地方,要注意形状。为了能让衣服的色彩对比以及明暗对比都加强,最后调整的时候将衣服的边沿做了调整,色彩更加稳重,整体更加统一协调。在手肘处加了一块蓝灰色的皮质,以增加画面的细节感,如图 5-54、图 5-55 所示。

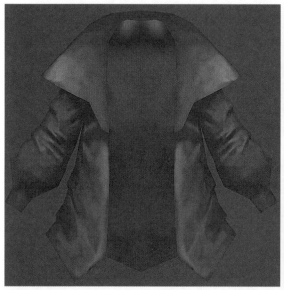
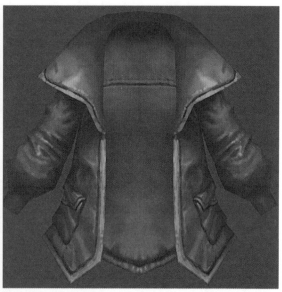

图 5-54

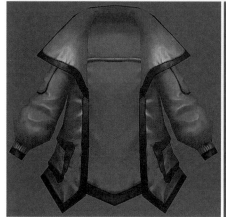

图 5-55

七、裤子的绘制

裤子的材质是那种较为光滑的皮质，为了和衣服加以区分，色彩上主观地偏了一些暖色。衣纹和褶皱主要产生在裆部和膝关节处以及补丁所在处，最后画了一些衣缝线以增加细节。注意衣缝线在裤子表面会产生挤压和拉伸，这点必须体现，否则就会感觉衣缝线和裤子之间没有任何关联，如图5-56、图5-57所示。

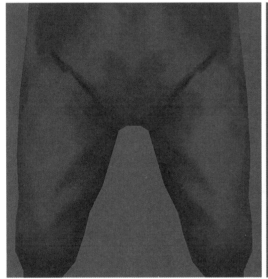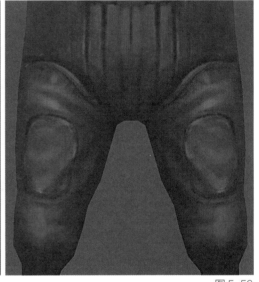

图 5-56

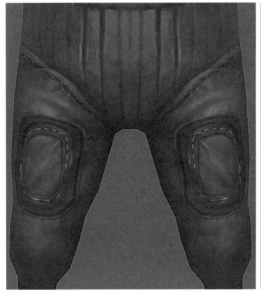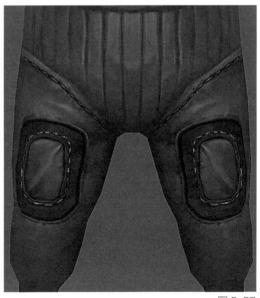

图 5-57

八、鞋子的绘制

鞋子的材质是较为粗糙且较软的皮质，高光较弱，绘制时应注意表面的褶皱，以及缝合线，最后可以画一点铆钉以增加细节，如图5-58所示。

九、手套的绘制

手套的材质是有一定高光的较软的皮质。注意画出手套的缝合线，这是表现手套的关键。最后可以增加一点破旧的补丁等细节，如图5-59所示。

其他部位可参考以上几种绘制技巧，综合运用，最终绘制出满意的效果。

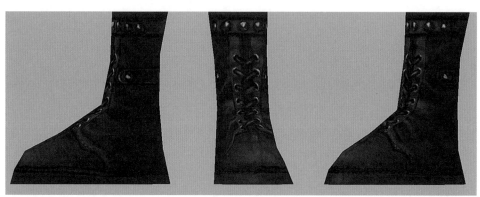

图5-58

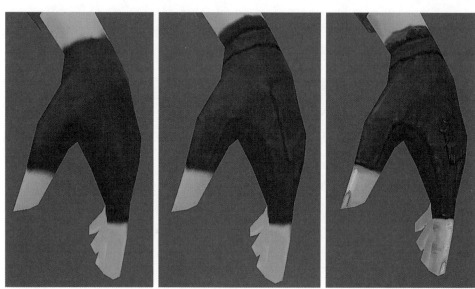

图5-59